珠江水利委员会珠江水利科学研究院
水利部粤港澳大湾区水安全保障重点实验室
水利部珠江河口治理与保护重点实验室

高密度城市下垫面变化
对极端降水影响研究

王行汉◎著

河海大学出版社

HOHAI UNIVERSITY PRESS

·南京·

图书在版编目(CIP)数据

高密度城市下垫面变化对极端降水影响研究 / 王行
汉著. -- 南京：河海大学出版社，2024. 12. -- ISBN
978-7-5630-9535-3

Ⅰ. P426.62

中国国家版本馆 CIP 数据核字第 2024QD4712 号

书　　名	高密度城市下垫面变化对极端降水影响研究	
书　　号	ISBN 978-7-5630-9535-3	
责任编辑	金　怡	
特约校对	张美勤	
封面设计	徐娟娟	
出版发行	河海大学出版社	
地　　址	南京市西康路 1 号(邮编:210098)	
电　　话	(025)83737852(总编室)	
	(025)83722833(营销部)	
经　　销	江苏省新华发行集团有限公司	
排　　版	南京布克文化发展有限公司	
印　　刷	广东虎彩云印刷有限公司	
开　　本	718 毫米×1000 毫米　1/16	
印　　张	7	
字　　数	115 千字	
版　　次	2024 年 12 月第 1 版	
印　　次	2024 年 12 月第 1 次印刷	
定　　价	98.00 元	

前　言

近年来,在全球气候持续变暖、土地利用变化和高密度城市快速发展的共同影响下,极端气候事件频繁发生,水旱灾害趋多、趋频、趋强、趋广,极端性、反常性、复杂性、不确定性显著增强,城市洪涝灾害问题日益凸显,成为影响我国城市公共安全的突出问题。广州作为粤港澳大湾区中心城市、国家中心城市、超大城市,是典型的高密度城市,由于独特的自然地理和气候条件,其连年受洪涝灾害影响,洪涝灾害已经成为影响经济社会发展的重要因素之一。提高城市洪涝灾害应对能力是保障人民群众生命财产安全、促进经济社会高质量发展、建成富有活力和国际竞争力的世界级城市的重要支撑,事关国家和地区经济社会发展大局。

随着城市化的快速发展,城市人口、功能、规模不断扩大,城市下垫面发生了剧烈变化,对产汇流、降雨强度、极端降雨等产生了不可忽视的影响,区域内洪涝致灾机理更加复杂,洪涝灾害呈现出新的特点。揭示新发展阶段高密度城市洪涝内在演变机理,科学、合理、高效地开展城市应急救灾管理,整体提升城市防灾减灾水平,成为现代化特大城市发展亟待深入研究的科学问题。针对上述复杂问题和技术瓶颈,本研究以国家城市水安全重大需求为牵引,以广州市为研究对象,系统分析高密度城市下垫面条件的时空变异及极端降水演变特征,阐明高密度城市不同发展阶段影响产汇流的主要因素,探究极端降水动态变化过程中高密度城市洪涝演变规律和形成机理,以期为变化环境下的城市水安全保障和水资源配置管理提供科学依据。

研究工作主要结合粤港澳大湾区中心城市、国家中心城市、超大城市广州开展,具有典型的意义。研究工作得到了水利部重大科技项目和广州市科技计划项目的支助,以及珠江水利委员会珠江水利科学研究院、水利部粤港澳大湾区水安全保障重点实验室、水利部珠江河口治理与保护重点实验室的支持,研究过程中得到了陈文龙、杨芳、周晓雪、宋利祥、刘培等同事的指导和帮助,在此向他们表示衷心的感谢!

　　书中的错误和不妥之处,敬请各位同行批评指正。

王行汉

2024 年 12 月于广州

目 录

1

绪　论

1.1 研究背景及意义

降水作为一种常见的自然现象,在全球水循环、生态系统、气候系统和能量平衡中扮演着重要的角色[1-3]。降水的时空分布直接或间接地影响着地表径流、地下水动态、土壤湿度、蒸散发等陆地水文过程,因此是水文学、气象学和生态学的重要参数之一[4,5]。近年来,在全球气候变化和频繁的人类活动干扰下,区域乃至全球水汽循环发生改变[6-8],降水空间变异性增强,导致洪涝、干旱等极端气象水文事件频发[9],给人民群众的生命财产安全带来了巨大威胁[10-12]。区域水文过程变化是人类活动和气候变化共同影响的结果,研究气候变化和人类活动影响下的区域水循环,探讨区域极端降水的演变过程和影响因素,对理解区域水文循环过程具有重要意义,还为有效管理和合理利用水资源提供依据,从而促进区域可持续发展[13-15]。但受地形特征、地理位置、下垫面等因素的影响,不同区域降雨的时空变异特征还有待进一步深入研究。

广州市作为珠江三角洲经济最发达、城镇化程度最高的地区之一,快速城镇化进程使其城镇规模不断扩张,自然下垫面发生剧烈改变,主要表现在人为表面(如房屋建筑、路面等)取代自然表面(如耕地、植被等),而这类改变将直接影响区域尺度甚至更大空间范围内的水文循环以及能量循环特征[16],进而影响城市地区降雨、产汇流规律以及地表能量分配方式等,同时引发一系列城市环境问题,如城市热岛效应[17]、城市雨岛效应[18]、城市洪涝灾害[19]等,严重威胁到城市居民的生存环境,影响城市正常运行以及社会经济的可持续发展。

当前研究指出,21世纪全球极端降水可能会持续加剧[20],而极端降水是引发洪涝灾害的直接原因,在此背景下,广州市洪涝灾害也呈现出更加频繁和严重的趋势。2017年5月初,广州突发强降雨,造成多地出现严重洪涝灾害。据不完全统计,全市倒塌房屋一百七十二间,安全转移约七千人。2019年广州共遭遇27轮暴雨袭击,导致出现大范围的内涝灾情,次生灾害频发。2020年,广州市发生"5·22"特大暴雨洪涝,造成全市4人死亡、经济损失达 28 亿元。2023 年,受台风"海葵"影响,9 月 7—8 日珠江三角洲地区发生极端暴雨,深圳、广州、东莞、佛山等地 29 站次突破当地历史降水极值,香港天文台 1 h 降水量达到 158.1 mm,打破香港 1884 年以来的观测纪录,极端暴雨造成珠三角大范围受灾,出现严重内涝,引发社会广泛关注。珠三角地区"逢暴雨必涝""城市看海"现象连年发生,由暴雨引发的洪涝灾害已然成为阻碍城市经济发展和社会稳定的突出问题,而频发的暴雨洪涝灾害与人类活动对下垫面土地利用方式的改变密不可分[21],因此掌握城市化过程中人类活动导致的下垫面变化情况,探索极端降雨演变过程,研究极端降雨对下垫面演变的响应,可以更好地认识变化环境下高密度城市的水文循环特征,从而支撑高密度城市应对未来气候变化的决策。

1.2　国内外研究进展

1.2.1　基于多源遥感的下垫面覆盖变化研究

下垫面覆盖一般指地球表面当前所具有的自然或人为影响所形成的覆盖物,包括地表植被、土壤、冰川、湖泊、沼泽湿地及道路等。下垫面覆盖的内涵可分为狭义和广义两种,狭义的下垫面覆盖仅指覆盖着地表的、非土地本身的特质,只指植被和人造地表;广义的下垫面的土地覆盖是指地球表面的物理状态,即地球表层[22,23]。由于下垫面覆盖与人类的生活生产休戚相关,全面掌握下垫面覆盖信息对地球表面科学研究具有重要意义。

遥感是以航空摄影技术为基础,在 20 世纪 60 年代初发展起来的一门综合性探测技术[24]。从广义上说是泛指从远处探测、感知物体或事物的技术,即不直接接触物体本身,从远处通过仪器(传感器)探测和接收来自目标物体的信息(如电场、磁场、电磁波、地震波等信息),经过信息的传输及处理分析,识别物体的属性及其分布等特征的技术[25]。遥感技术不仅可以进行大面积同步观测,而且获取信息的速度快,周期短,具有较高时效性、综合性、可比性和客观性。通过遥感方式获得的地物电磁波特性数据,综合地反映了地球上的自然和人文信息。如地球资源卫星 Landsat、Spot、MODIS 和哨兵系列等所获得的地物电磁波特性均可以较综合地反映地质、地貌、土壤、植被、水文等特征。

　　基于遥感技术与地理信息技术,国内外研究人员开展了大量以土地利用/覆盖为主体的遥感制图及变化特征研究工作,形成了众多宏观区域至全球尺度的土地利用/覆盖数据产品,其中,全球尺度最具代表性的土地利用/覆盖数据产品主要包括:美国地质调查局的 IGBP-DISCover(IGBP-Data and Information Systems Land Cover Product)[26]、美国马里兰大学的 University of Maryland Land Cover Layer[27]、欧盟联合研究中心的 GLC2000(Global Land Cover 2000 Project)[28]、美国波士顿大学的 MCD12Q1(Moderate Resolution Imaging Spectroradiometer-MODIS-Global Land Cover Product)[29]、欧洲空间局的 GlobCover(Global Land Cover Product)和 CCI-LC(Climate Change Initiative-Land Cover Product)[30,31]、中国清华大学的 FROM-GLC(Finer Resolution Observation and Monitoring of Global Land Cover)[32],以及中国国家基础地理信息中心的 GlobeLand30(Global Land Cover Mapping at 30m Resolution)[33]等。此外,宏观区域具有较大影响力的土地利用/覆盖数据产品主要包括:加拿大自然资源部/遥感中心和美国地质调查局的 NAL-CMS(North American Land Change Monitoring System)[34]、欧盟联合研究中心的 MeRISAM2009(Medium Resolution Imaging Spectrometer-MERIS-Land Use/Cover Mapping over South America)[35]、欧洲环境规划署的 CORINE(Coordination of Information on the Environment)[36]、联合国粮农组织的 AFRICOVER(Land Cover Database and Map of Africa)[37]、美国多分辨率土地特征联盟的 NLCD(National Land Cover Database)[38]、澳大利亚国家地球观测组织的 DLCD(Dynamic Land Cover Dataset)[39]以及中国科学院的 NLUD-C(National Land Use Database of China)[40]等。上述全球及区域尺度的土地利用/覆盖数据产品在全球变化科学与地球模式模拟领域得到了广泛的应用,但是随着相关研究的不断深入,其不足和局限也逐渐突显。由于数据来源、分类体系和分类技术方法不同,单一数据来源的土地利用/覆盖数据产品存在数据精度不高、数据间一致性不足与统计数据差异显著等诸多问题[41]。受到研究目的和应用领域的限制,其并不能满足某些特殊区域的实际

需求,例如,地形或地貌极为复杂、景观异质性较强的山区或丘陵地带。即不同的土地覆盖数据产品在不同的地理区域适用性不同。

综上,受云雨天气、重访周期等因素的影响,单一传感器的遥感影像往往难以满足时空连续的下垫面覆盖遥感制图及变化特征研究的要求,而综合多源遥感影像已经成为提取下垫面覆盖分类信息的主要发展趋势。21世纪以来,遥感技术为下垫面覆盖遥感制图及演变特征研究提供了大量的数据源,充分、有效地使用这些数据源开展下垫面覆盖遥感制图及变化特征研究,可以有效地克服单一遥感数据资料的不确定性,增强数据资料的可靠性和可用性,促进下垫面数据产品的快速生产和有效更新。

1.2.2　卫星降水数据的地面验证与精度评估

雨量计和地基气象雷达作为传统测量降水的方式[42],能够提供长系列、高精度的降水信息,但雨量计和地基气象雷达分布稀疏且不均,对于地面观测站点稀疏地区,地面观测站的降水资料代表性较差,不能准确反映该区域降水的时空分布特征,难以满足区域尺度上对降水的监测需求。随着遥感技术的普及以及先进的红外和微波等设备的发展,基于卫星的遥感反演降水技术已成为一种越来越流行的获取降水信息的手段,使其成为替代传统降水测量的一种可能。采用遥感方式进行降水监测,实现了由传统的"点"式测量到"面"式测量的转换,其空间覆盖范围广,时间连续性强,并且受地形和下垫面的影响小,因此可以提供大尺度上空间连续和时间完整的降水信息[43-46]。

虽然卫星反演降水覆盖范围广且时空连续性强,但由于其是一种非接触性的估计,受到传感器自身精度、反演算法不成熟等因素影响,不可避免会存在较大的误差和不确定性[47-50]。为更好地了解卫星降水产品的误差特征,指导用户选择合适的产品系列,并且给数据开发者提供反馈,国际降水工作组IPWG(International Precipitation Working Group)于2007年发起了卫星降水产品的评估计划PEHRPP(Program to Evaluate High Resolution Precipitation Products)[51]。受此项目的启发,国内外学者开展了大量对卫星降水产品精度评估的工作。

全球尺度上,Sun等[46]对全球30种现有的降水产品进行了不同时空尺度的综合比较,发现不同产品的降水量及其变化都存在巨大差异。Tian 等[49]在全球尺度下开展了对 6 种卫星降水产品(TMPA-3B42、TMPA-RT、CMORPH、GSMaP、PERSIANN、NRL)的不确定性分析,发现这几种降水产品在高纬度地区和地形复杂的山区存在较大的不确定性。Yong 等[52]在全球尺度分析了 TMPA 的 CCA 算法(Climatological Calibration Algorithm)对实时降水产品的改进作用,发现 TMPA-RT 在 CCA 算法校正后对青藏高原降雨数据出现了严重的高估。Liu[53-55]对 TMPA-RT 和 TMPA-V7、TMPA-V6 和 TMPA-V7、TMPA-3B43 月尺度 IMERG 产品进行了比较,为降水产品用户揭示了实时和滞时卫星降水产品、各改进版本以及不同反演算法之间的异同。Nguyen 等[56]对 PERSIANN 系列产品在全球尺度进行相互比较,为降水用户强调了 PERSIANN 的优势和局限性,并简要讨论了未来的发展预期。

国内也有许多学者开展了卫星降水产品在多时空尺度上的验证和精度分析工作。彭振华等[57]将中国陆地划分为干旱区、过渡区、湿润区和青藏高原地区,评估 CHIRPS v2.0、CMORPH v1.0、MSWEP v2.0、PERSIANN-CDR 和 TRMM 3B42V7 降水产品的适用性,结果表明 MSWEP 降水产品在不同气候区均有较好的精度和适用性。许时光等[58]研究发现 CMORPH 卫星降水数据对我国降水空间分布的模拟精度较差,尤其在中低降水量区域空报率较高。廖荣伟等[59]从中国区域、中国东部区域及中国西部区域 3 种空间尺度综合比较 TRMM(3B40RT、3B41RT、3B42RT)、CMORPH、GSMaP、HYDRO 降水产品的精度,发现降水产品在春、夏、秋季的精度优于冬季,六种降水产品均能较好捕捉大范围降水事件,且多传感器联合后的产品质量较优。任英杰等[60]综合评估了中国大陆多时空尺度下 IMERG 卫星降水产品 v3、v4 和 v5 版本的 Final 数据精度,结果表明三种版本数据能够反映降水区域特征,但在西北地区表现较差,虽仍存在问题但最新版本的 v5 数据相对最佳。卫林勇等[61]评估了 CHIRPS、CMORPH-BLD、PERSIANN-CDR、TRMM 3842V7 卫星降水产品在陕西、吉林、新疆、江西和云南五省(自治区)的精度特征,发现 TRMM 3B42V7 在五个地区均能较好估计不同季节的降水,其余降水产品在五个地区适用性不同。此外,学者们还针对长江流域[62]、黄河流域[63]、淮河流域[64]、元江流域[65]、珠江流域[66]、南方地区[67]、东北地区[68]等地区研究不同卫星降水产品的精度特征和适用性。

综上,对卫星降水产品的精度评估结果表明,目前 TRMM 系列等卫星降水产品的应用研究相对比较普遍。但不同类型的卫星降水产品由于数据源和反演算法等差异,精度表现存在明显差异,且对于同一降水产品,即使在同一区域,在不同时空尺度的数据精度特征也存在区别。因此,从多时空尺度综合分析不同类型卫星降水产品的精度是十分必要的。

1.2.3　全球气候变化下的极端降水事件研究

在全球变暖的影响下,随着地面蒸散作用的加强,大气中水分含量增加,水循环运动加剧,洪水、暴风雪、台风等极端降水事件发生的频率和强度显著上升[69]。极端降水引发的洪涝、旱灾、雪灾等极端气候灾害,对社会的经济发展、生态系统和人类活动等方面造成巨大影响[70]。而中国作为世界上受极端气候灾害影响最为严重的国家之一,科学认知极端降水在中国各地区的特征具有重要的意义,并可以为进一步预测未来极端降水变化趋势提供科学依据,以期降低极端降水灾害事件对人类生产生活的影响。

近年来,国内外专家学者利用地面实测降水数据对极端降水变化特征进行了大量研究。Seth 和 Lias[71]采用全球 8 000 多个观测站的降水资料在全球尺度上对极端降水事件进行监测,研究显示全球年最大日降水量整体存在明显的增大趋势;钱维宏等[72]利用中国 160 多个地面降水资料得出,极端强降水事件在中国大陆同样具有增多的趋势;与强降水有关的极端降水指标在中国黄海区域[73]、长江中下游流域[74]、四川省[75]等也呈现出上升趋势。然而,由于地面站点降水资料分布不均、易受外部环境影响的特点,时空尺度连续的区域性降水资料难以获取到,对区域性极端降水的监测仍存在较大困难[76]。1997 年 11 月,搭载了世界上第一台星载降水雷达的 TRMM(Tropical Rainfall Measuring Mission)卫星成功发射,其降水产品弥补了地面观测降水在时空上的局限性,为极端降水监测提供了新的方式[77]。Habib 等[78]利用 TRMM 卫星降水产品 TMPA(TRMM Multi-satellite Precipitation Analysis)对美国路易斯安那州的热带风暴事件进行监测,研究发现卫星降水产品对于极端降水事件具有一定的监测能力;Chen 等[79]对 TRMM 时代多种降水产品在 2009 年 8 月台风"莫拉克"经过台湾事件中的表现进行精度评估，但研究显示各卫星降水产品在强降水事件中均存在低估现象。在 TRMM 的基础上，美国 NASA(National Aeronautics and Space Administration)与日本 JAXA(Japan Aerospace Exploration Agency)联合实施了全球降水测量计划(Global Precipitation Measurement，GPM)，GPM 下的卫星降水产品具有更广的覆盖范围与更高的时空分辨率[80]，所使用的卫星资料与反演算法较以往产品有所改进，精度也有所提升。Prakash 等[81]对 TRMM 时代的 TMPA-3B42 与 GPM 时代的 IMERG(Integrated Multisatellite Retrievals for GPM)在印度暴雨探测方面进行研究，研究发现 IMERG 对于季风季节的极端降水反演精度明显优于 TMPA-3B42;刘国等[82]利用 GPM 时代多套卫星产品在中国局部地区对"威马逊"台风进行监测评估，发现卫星降水对于高雨强极端降水事件的监测仍然存在问题，主要体现在卫星降水具有较高的误报率与较低的命中率。

综上所述，目前极端降水的研究数据源大多来自长时间序列的地面站点资料与 TRMM 时代降水产品，采用 GPM 时代卫星降水数据的较少，且对极端降水的监测往往只针对特定的极端降水事件，难以获取时空连续的极端降水整体分布特征与演变规律。

1.2.4 高密度城市下垫面覆盖变化对降雨的影响研究

城市下垫面对降雨影响研究的最早记载来自 20 世纪 20 年代，Horton[83]通过对美国多个大城市的气象观察发现城区暴雨的发生频率要高于郊区，并提出了"城市雨岛"的猜想。随后的几十年里，一些学者针对这一猜想开展了相关分析，如 Landsberg[84]和 Changnon[85]等。受到当时观测条件的限制，这一时期的研究多停留在假设阶段，没有获取直接证据证实"城市雨岛"效应的存在。

城市下垫面对降雨影响研究的大规模兴起可追溯到 20 世纪 70 年代，Huff 等[86]在美国圣路易斯地区开展了大城市气象观测实验计划 METROMEX(Metropolitan Meteorological Experiment)。这个实验计划的主要发现是降雨在距离城市中心下风向 25～75 km 处被显著增强，累积降雨量增加的幅度为5%～25%,并且这种增强效果在夏季表现最为明显[13,86-90]。Changnon发现城市下垫面对降雨的影响程度与城市覆盖面积呈正相关关系。值得注意的是,这一时期的研究多是基于点尺度的气象观测数据,如地面雨量站、探空气球等,考虑到降雨具有很强的时空变异性,点尺度的观测可能存在空间代表性不足的问题,因而也会给降雨的影响研究带来一定的不确定性。Bornstein和Leroy[91]首次借助气象雷达在美国纽约地区开展了城市下垫面对降雨的影响研究,他们发现对流性降雨的中心极易出现在城市边界和城市下风区,并且证实了城市下垫面在激发对流和增强对流活动中的作用。Dixon和Mote等[92,93]基于长系列(2002—2006年)的气象雷达观测资料分析了美国亚特兰大地区夏季降雨的空间变异性,研究发现亚特兰大主城区以及东部地区(城市下风区)的夏季累积降雨量显著高于其他区域。Ashley等[94]基于十年的雷达观测资料对美国东南部若干城市进行了综合分析,得到的结论与前人一致。除气象雷达之外,卫星遥感数据也为城市下垫面对降雨的影响研究提供了有效的途径,如Shepherd等[95]基于TRMM卫星降雨观测数据发现夏季降雨量在城市下风向30～60 km范围内增强28%,在城区增强约5.6%,他们的研究进一步验证METROMEX计划的主要发现。Hand和Shepherd[96]构建了基于TRMM卫星观测和地面雨量站的城市下垫面影响降雨的分析框架,可用于其他城市的相关研究。

随着数值气象模式的不断发展和完善,越来越多的研究者开始借助数值模拟的手段定量分析城市下垫面对降雨的影响,并揭示潜在的影响机制。基于数值模拟的研究在世界上许多城市地区都有开展,如美国纽约[97]、亚特兰大[98,99]、休斯敦[100,101]、巴尔的摩[102],印度孟买[103],日本东京[104,105],中国台北[106,107]、北京[108-110]和广州[111,112]等。但城市下垫面对降雨的影响机制仍然没有确定性的结论。从目前来看,影响机制主要存在三种"假说":城市热岛效应使得大气边界层内对流增强,在城区形成水汽辐合带;城市冠层使得地表粗糙度增加,有利于辐合中心的形成;城市气溶胶改变大气污染物的组成,为降雨的发生提供充足的凝结核。然而对于不同地区,三种影响机制的表现方式也不相同[113],需要具体分析不同地理环境中城市下垫面对降雨的影响机制。

城市下垫面对降雨的影响研究除了关注累积降雨量的空间变异性,还关注降雨强度、极端降雨频次、降雨日变化特征等其他降雨要素的变化规律。Kishtawal 等[114]基于观测资料对印度地区的研究发现城市地区强降雨的频次显著高于郊区,并且城市地区极端降雨频次的增加幅度也高于郊区,这一研究从较大空间范围内提供了城市下垫面对降雨影响的区域性评价,可以为其他地区的相关研究提供参考。Li 等[115]在我国珠三角地区的研究发现城市化进程使得城市地区降雨频次减少,强度增加,午后对流性强降雨的频次增加。Burian 和 Shepherd[116]的研究也证实受到城市下垫面的影响,美国休斯敦地区夏季降雨的日变化特征发生了变化,主要表现为夏季中午 12 点到下午 4 点的降雨有明显增加。

综上,经过大量科学观测、资料检测和数值模拟,对于城市地区下垫面变化引发降水效应的认识不断深化,但由于降水形成、分布机制的复杂性以及观测资料、数值模拟的局限性,目前对下垫面影响降水的具体规律、物理机制及驱动因素仍存在不同认识,甚至具有争议。同时,许多地区下垫面呈现出更加复杂的时空演进特征,也给下垫面的降水效应研究带来了新挑战。

1.3 研究目标与内容

1.3.1 研究目标

融合雷达与光学遥感技术,结合地理空间分析方法,以广州市为例,探讨高密度城市下垫面变化对降水时空格局的影响,以期为变化环境下的城市空间规划、城市水安全保障和水资源配置管理等提供科学依据。

1.3.2 研究内容

研究内容主要包括:

(1) 基于多源光学遥感的下垫面时空演变研究:以多源光学遥感数据为基础,采用模糊分类算法,提取下垫面内部结构变化量和空间分布,并结合土地利用动态度与转换矩阵方法,开展长时间序列的下垫面演变分析,揭示区域内下垫面变化的动态特征。

（2）卫星降水数据的精度与适用性评价：基于长时间序列的 GPM 卫星降水数据，采用地面站点实测资料对雷达卫星同步观测降水数据进行空间定标，建立日、月、年不同时间尺度的 GPM 降水卫星数据，通过一致性指标和分类指标，开展定标后的 GPM 卫星降水数据精度和适用性评价。

（3）基于卫星降雨数据的极端降雨时空演变研究：从极端降水的强度、频率、持续时间等特征出发，采用 11 个极端降水指数，通过 Theil-Sen 趋势估计和 Mann-Kendall 趋势检验方法，分析区域极端降雨指标演变趋势，探索极端降水时空分布格局和演变特征。

（4）下垫面变化对极端降雨的影响研究：以不透水面作为区域下垫面演变的关键因子，通过双变量莫兰指数和 Spearman 相关系数，分析不透水面变化与极端降雨的空间和时间相关关系，探索高密度城市中城市化进程对极端降雨的影响效应。

1.4　研究方法与路线

1.4.1　研究数据

（1）气象站点实测数据

地面气象站点观测作为直接观测手段，其测得的降水数据通常被认为是"真值"，作为评价卫星降水数据的依据。本研究中使用的地面降水观测数据来自中国气象局国家气象信息中心（https://data.cma.cn），根据资料连续性和时间一致性标准，数据经过严格的极值检查、时空一致性检查以及人工核查与校正等质量控制。本研究选取广州市及其周边范围内 29 个站点 2000 年 1 月 1 日至 2019 年 12 月 31 日的实测数据，所选用站点分布较为均匀，对于个别站点少量时段数据缺测、漏测的情况，选择最临近站点的观测数据采用线性拟合法进行插补处理，作为评估卫星降水数据的参考依据。

（2）雷达卫星降雨数据

TRMM 卫星是由美国 NASA 和日本 JAXA 共同研制的降水试验卫星，

于 1997 年 11 月 27 日在日本发射成功,它搭载了首台星载降水雷达,能够有效地探测降水三维空间信息。最初 TRMM 设计用于对热带地区降水量及地球辐射能量进行测量来了解全球气候变化及其机理,在 2001 年卫星轨道由 250 km 提升至 4 025 km,观测范围扩展到 50°S~50°N。观测范围的扩展使得 TRMM 数据应用更为广泛,其降水产品被广泛应用于气象、水文、生态等领域,对研究全球气候系统、水热循环和能量的收支状况及其变化发挥了重要作用。由于燃料耗尽,TRMM 卫星已于 2015 年 4 月停止运行。

GPM 作为 TRMM 的后续降水测量计划,其核心观测平台 GPMCO (GPM Core Observatory)已于 2014 年 2 月 28 日成功发射。在 TRMM 卫星的基础上,GPM 核心观测平台搭载了由 Ku/Ka 波段组成的双频段降水雷达 DPI(Dual-frequency Precipitation Radar)和多波段微波成像仪 GMI(GPM Microwave Imager),技术上的改进使得 GPM 在精度和敏感性上有较大的提升,能够提供时空分辨率更高的降水产品。此外,相比于 TRMM 卫星,GPM 核心观测平台具有更大的轨道倾角,使其有更广阔的观测范围,达到 60°S~60°N。

本研究所用 TRMM 与 GPM 数据均从 NASA 降水测量计划网站获得。其中 TRMM 数据为第 7 版本 3B43 降水数据(TRMM3B43V7),数据空间分辨率为 $0.25°×0.25°$,时间分辨率为月。GPM 数据来自最新的 3 级融合降水产品 IMERG(Integrated Multisatellite Retrievals for GPM),时间分辨率 0.5 h,空间分辨率为 $0.1°×0.1°$。根据校准精度的不同,IMERG 产品又分为 "early-run"、"late-run"与"final-run"3 个产品(书中用 IMERG-E、IMERG-L 与 IMERG-F 表示)。其中,IMERG-E 和 IMERG-L 产品为准实时产品,分别于观测后 4 h 和 12 h 后发布,而 IMERG-F 为非实时后处理产品,其经过地面雨量站点的逐月观测数据的偏差校准,通常于观测 2 个月后发布。由于卫星降水数据的时间尺度包括 0.5 h,气象站点观测数据为日尺度,因此本研究先将卫星降水数据统一为降水数据,站点实测降水数据和卫星降水数据的月尺度和年尺度数据均由日尺度降水数据累加得到,以进行多时间尺度的精度评估。

（3）光学遥感数据

本研究使用的遥感影像数据为 Landsat 系列和 Sentinel-2 系列光学遥感数据。

Landsat 系列主要为 Landsat-5、Landsat-7、Landsat-8 卫星。Landsat-5 于 1984 年 3 月 1 日从美国加利福尼亚州范登堡空军基地发射，携带了多光谱扫描仪（Multispectral Scanner，MSS）和专题制图仪（Thematic Mapper，TM）；Landsat-7 发射于 1999 年 4 月 15 日，携带增强型专题制图仪（Enhanced Thematic Mapper，ETM＋）传感器；Landsat-8 发射于 2013 年 2 月 11 日，携带陆地成像仪（Operational Land Imager，OLI）和热红外传感器（Thermal Infrared Sensor，TIRS）。Landsat 卫星轨道均为近极地太阳同步轨道，轨道高度 705 km，轨道倾角 98.2°，扫描宽度 185 km，重访周期 16 天。研究中涉及的 TM、ETM＋和 OLI 传感器具体波段信息如表 1.1。

Sentinel-2 为高分辨率多光谱成像卫星，是欧洲空间局（European Space Agency，ESA）全球环境和安全监视（即哥白尼计划）系列卫星的第二个组成部分，包括 Sentinel-2A 和 Sentinel-2B 卫星。Sentinel-2A 于 2015 年 6 月 23 日发射，Sentinel-2B 于 2017 年 3 月 7 日发射。单星重访周期为 10 天，双星重访周期为 5 天。主要有效载荷是多光谱成像仪（Multispectral Imager，MSI），采用推扫模式，共有 13 个波段，光谱范围在 400～2 400 nm 之间，涵盖了可见光、近红外和短波红外，光谱分辨率为 15～180 nm，空间分辨率可见光 10 m，近红外 20 m，短波红外 60 m，成像幅宽 290 km。Sentinel-2 卫星主要用于全球高分辨率和高重访能力的陆地观测、生物物理变化制图、监测海岸带和内陆水域，以及灾害制图等。具体波段信息见表 1.1。

表 1.1　光学遥感影像数据波段信息

波段信息	Landsat-5 TM	Landsat-7 ETM＋	Landsat-8 OLI	分辨率	Sentinel-2 A/2B	分辨率
	1984	1999	2013	m	2015/2017	m
	波长范围				波长范围	
Coastal	—	—	—	—	0.433～0.453	60
Blue	0.45～0.53	0.45～0.52	0.45～0.52	30	0.458～0.523	10

波段信息	Landsat-5 TM	Landsat-7 ETM+	Landsat-8 OLI	分辨率	Sentinel-2 A/2B	分辨率
	1984	1999	2013	m	2015/2017	m
	波长范围				波长范围	
Green	0.52～0.60	0.53～0.61	0.53～0.60	30	0.543～0.578	10
Red	0.63～0.69	0.63～0.69	0.63～0.68	30	0.650～0.680	10
Red Edge1	—	—	—	—	0.698～0.713	20
Red Edge2	—	—	—	—	0.733～0.748	20
Red Edge3	—	—	—	—	0.773～0.793	20
Near	0.76～0.90	0.75～0.90	0.85～0.89	30	0.785～0.900	10
Water vapor	—	—	—	—	0.935～0.955	60
SWIR-Cirrus	—	—	—	—	1.360～1.390	60
SWIR1	1.55～1.75	1.55～1.75	1.56～1.66	30	1.565～1.655	20
SWIR2	2.08～2.35	2.09～2.35	2.10～2.30	30	2.100～2.280	20
pan	—	0.52～0.90	0.50～0.68	15	—	—

注：来源于 https://eospso.gsfc.nasa.gov/missions.

1.4.2 遥感数据处理

光学卫星遥感数据的处理主要涉及遥感影像的镶嵌、裁剪、辐射定标、大气校正、几何校正、图像增强、彩色合成和影像融合等一系列过程，本小节重点对关键过程进行阐述。

（1）辐射定标

辐射定标是将传感器接收记录的电压信号或者数字值转换为具有物理量纲的辐射亮度或反射率数据。一般辐射定标可以分为三个阶段，首先是传感器研制阶段的预定标，它是在传感器进入太空之前测量标定传感器的辐射特性，因为在实验室中进行，环境可控，可以达到较高的标定精度；其次是在星上定标，目前在 Landsat 系列卫星和 MODIS 卫星上基本具备星上定标设备；最后是星下定标，通常是将在地面选定的天然或人造试验场地作为定标场，GF-1 号数据采用星下定标。按照不同的使用要求和目的，可以分为绝对定标和相对定标。相对定标是指确定场景中各像元之间、波段之间、探测器之间以及不同时间获得的辐射度量的相对值。绝对定标是指通过标准辐射源,建立辐射亮度值与数字值(Digital Number,DN)之间的定量关系。将影像 DN 值转换为具有物理意义的辐射亮度值,公式为:

$$L\lambda = Gain \cdot DN + Offset \qquad (1.4\text{-}1)$$

其中,$L\lambda$ 为卫星对应波段的光谱辐射亮度(单位:W · m^{-2} · sr^{-1} · μm^{-1});$Gain$ 和 $Offset$ 为绝对定标增益和偏移系数,DN 为卫星影像的灰度值。

(2) 大气校正

通过遥感卫星可以收集到地物反射的太阳辐射能量,从而能够反演出地表的各种地物信息,但由于星载传感器观测到的辐射亮度信号中包含了大气和地表的信息,因此在进行遥感的定量分析计算之前必须去除大气的影响。大气校正就是将辐射亮度或者表观反射率转换为地表实际反射率,目的是消除大气及大气中的颗粒物(气溶胶)散射和吸收产生的误差。大气校正主要针对光学图像(可见光—近红外波段)和热红外影像(热红外波段)。其中,光学图像的大气校正常用的手段有两种。第一种通过假设已知大气中的气溶胶、水汽总量特征,利用其他传感器获得其估值,再采用例如 6S(Second Simulation of the Satellite Signal in the Solar Spectrum)模型,MODTRAN(Moderate Resolution Atmospheric Transmittance)等大气辐射传输程序计算大气校正所需要的参量。另一种独立于图像本身,不需要其他的辅助信息。对于热红外影像的校正通常也有两种方式:第一种通过获得大气轮廓线数据,进行大气校正;另外一种基于热红外波段的分裂窗算法估算地表温度。

目前主要采用 FLAASH 方法进行大气校正,该模块操作简单方便,可视化程度强,是目前常用的方法之一。首先需要输入经过辐射定标后的遥感卫星影像,进一步输入卫星影像的中心经纬度、传感器的类型、高度、地表相对高差、影像分辨率、成像时间等参数,最后输出得到经过大气校正的遥感卫星影像。对比原始影像与大气校正后的遥感影像,可以发现在消除大气及大气中的颗粒物(气溶胶)的散射和吸收等影响后,遥感影像的清晰度进一步增加。

（3）几何校正

通常原始遥感影像存在一定的形变，为准确的位置配准造成一定的困难，因而需要对原始影像进行几何校正，提高遥感影像的几何精度。几何校正包括了几何粗校正和几何精校正校两种。几何粗校正一般在数据接收端已经完成，主要根据卫星轨道、遥感平台、传感器参数等完成；几何精校正是使用者根据实际工作的需要开展的更加高精度的形变纠正，可采用不同数学模型，如多项式法、共线方程法等。目前主要采用齐次多项式法，它的基本思想是回避成像的空间几何过程，直接对影像变形进行数学模拟，将遥感影像的总体变形看作是平移、缩放、旋转、弯曲等共同作用的结果。常用的数学模型为多项式法，其公式为：

$$x = \sum_{i=0}^{n} \sum_{j=0}^{n-1} \alpha_{ij} \mu_i \nu_j \qquad (1.4\text{-}2)$$

$$y = \sum_{i=0}^{n} \sum_{j=0}^{n-1} \beta_{ij} \mu_i \nu_j \qquad (1.4\text{-}3)$$

式中，x，y 为图像原始坐标；μ，ν 为参考坐标；α_{ij}，β_{ij} 为多项式系数。可以通过已知控制点坐标值，按最小二乘法原理求得多项式系数。一次多项式最少需要 3 个控制点（平移、缩放），仿射变换需要 4 个控制点（平移、缩放、旋转）。一般选取更多控制点的目的是提高多项式的稳定性和减少控制点测量误差对纠正图像的影响。

（4）彩色合成

遥感图像解译是进行地表识别空间分析的重要基础工作。为提高地物类型的解译识别度，彩色合成至关重要，这是基于人眼对色彩的识别能力高于对灰度的识别能力的正确选择。彩色合成处理时，波段选择一般遵循以下两个原则。

第一，波段相关系数最小。相关系数反映了波段相关强度，其值越小，信息的重叠量就越小。

第二，波段方差最大。方差反映像元亮度值离散度，方差越大，信息量越丰富。遥感影像的单波段灰阶显示为灰度图像，不易识别，因此通过不同波段的组合进行颜色配置，从而达到最佳的显示效果。

（5）影像融合

遥感卫星影像的融合包含了相同或多传感器的多时相影像、多空间分辨率影像、不同光谱范围影像三个层次。在本研究中主要指的是多传感器的全色影像与多光谱影像的融合，融合方式采用 Gram-Schmidt 融合法。Gram-Schmidt 融合法的原理如下。

①使用多光谱低空间分辨率影像对高分辨率波段影像进行模拟，模拟的全色波段影像灰度值 $P = \sum w_i \times B_i$（w_i 为多光谱影像第 i 波段的权重，B_i 为第 i 波段灰度值）。

②利用模拟全色波段作为第 1 个分量对高分辨率波段影像和低分辨率波段影像进行 Gram-Schmidt 变换，即第 T 个 GS 分量由前 $T-1$ 个 GS 分量构造，即：

$$GS_T(i,j) = [B_T(i,j) - u_T] - \sum_{l=1}^{T-1} \varphi(B_T, GS_l) \times GS_l(i,j)$$

$$(1.4-4)$$

其中，GS_T 是 GS 变换后产生的第 T 个分量；B_T 是原始多光谱影像的第 T 个波段影像；u_T 是第 T 个原始多光谱波段影像灰度值的均值。

$$u_T = \frac{\sum_{j=1}^{C} \sum_{i=1}^{R} B_T(i,j)}{C \times R}$$

$$(1.4-5)$$

$$\varphi(B_T, GS_l) = \frac{\sigma(B_T, GS_l)}{\sigma(GS_l, GS_l)^2}$$

$$(1.4-6)$$

$$\sigma_T = \sqrt{\frac{\sum_{j=1}^{C} \sum_{i=1}^{R} [B_T[i,j] - u_T]}{C \times R}}$$

$$(1.4-7)$$

③通过调整高分辨率波段影像的统计值来匹配 Gram-Schmidt 变换后的第 1 个分量 GS_1，以产生经过修改的高分辨率波段影像。

④将经过修改的高分辨率波段影像替换 Gram-Schmidt 变换后的第 1 个分量，产生一个新的数据集。

⑤将新的数据集进行反 Gram-Schmidt 变换,从而产生空间分辨率增强的多光谱影像。Gram-Schmidt 反变换公式如下:

$$B_T^{\hat{}}(i,j)=[GS_T(i,j)+u_T]+\sum_{i=1}^{T-1}\varphi(B_T,GS_l)\times GS_l(i,j)$$

$$(1.4-8)$$

1.4.3 技术路线

根据研究目标和研究内容,本研究总体技术路线如图 1.1 所示。主要包括高密度城市下垫面数据获取及演变特征分析、卫星降雨数据校正与验证、极端降雨演变特征分析和高密度城市下垫面与极端降雨的时空关联模式分析等部分。

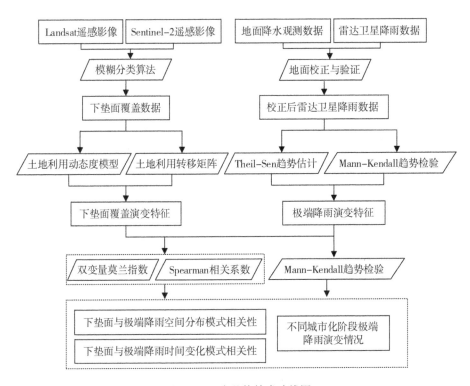

图 1.1 研究总体技术路线图

2

广州市基本概况

快速城镇化进程背景下,城市高强度、高密度开发很大程度上改变了下垫面条件,城镇化建设使原有大量的农田、绿地等自然地貌被房屋建筑物、混凝土和沥青道路、广场、停车场等不透水地面代替,城市区域气象水文特性和地面产汇流格局发生改变,高度城镇化带来"热岛效应"和"雨岛效应"显著,洪涝效应更加突出。广州市是珠江三角洲经济最发达、城镇化程度最高的地区之一,随着高强度、高密度的城市开发,地表下垫面大范围硬化,突发性短历时强降雨更加频繁,极端暴雨事件呈增加趋势,暴雨洪涝灾害进一步加剧,因此,探索广州市高度城镇化过程中下垫面变化对极端降雨的影响具有重要意义。

2.1　地理区位

广州市是广东省省会,是广东省政治、经济、科技、教育和文化的中心,地处中国南部、广东省中南部、珠江三角洲中北缘,位于 $112°—115°E,22°—24°N$ 之间,是西江、北江、东江三江汇合处,地理位置示意图如图 2.1 所示。广州市共包括荔湾、越秀、海珠、番禺、增城、从化、花都、天河、白云、黄埔和南沙 11 个市辖区,陆域总面积约 $7\ 434\ km^2$。广州市位于西江、北江、东江三江汇合处,濒临中国南海,东连惠州市博罗、龙门两县,西邻佛山市三水、南海和顺德区,北靠清远市区和佛冈县及韶关市新丰县,南接东莞市和中山市,与香港、澳门隔海相望。广州市是海上丝绸之路的起点之一,中国的"南大门",是广佛都市圈、粤港澳都市圈、珠三角都市圈的核心城市。20 世纪 90 年代以来是广州城镇化发展速度最快的时期,快速城镇化进程在带来经济效益的同时也带来了诸多问题,如城镇化发展导致下垫面变化,影响地表热量平衡和水量平衡,对广州市极端降雨事件产生显著影响。在此背景下,广州已经成为受暴雨洪涝灾害威胁最为严峻的城市之一。

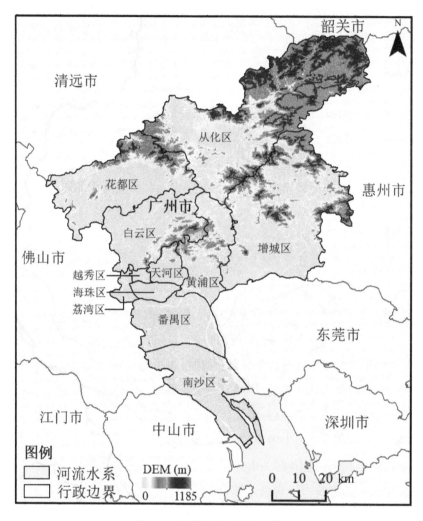

图 2.1 广州市地理位置示意图

2.2 地形地貌

广州市处于粤中低山与珠江三角洲之间的过渡地带,整体地势由东北向西南倾斜,依次分为东北部中低山区、中部丘陵岗地、南部冲积平原三级地形区。第一级地形包括从化、增城的东北部,山体连绵不断,坡度陡峭;第二级地形是东北部山地的南延部分,包括花都区北部、从化区西南部、广州市区东北部和增城区北部,坡度较缓;第三级地形包括广花平原及其以北台地、增城南部、番禺全部和广州市区的大部分地区,平原区地势低平,散布有残丘和台地。

广州市整体高程不高,高程在 30 m(广州城建高程)以下的地区占市域总面积的 47.3%,主要分布在花都区东南部、南沙区及中心城区南部地区;高程在 30～200 m 的地区占市域总面积的 33.7%,主要分布在番禺区、增城区、从化区中部及天河、黄埔区北部;高程在 200 m 以上的地区占市域总面积的 19.0%,主要分布在花都、从化、增城及黄埔区。现状建成区高程主要集中在 2～30 m 之间,占市域总面积的 14.7%。中心城区部分地区地面高程低于安全水位 7.5 m(珠江多年平均高潮水位 7.02 m),在珠江高水位时,如遇广州地区降雨,雨水不能自排,容易形成内涝。

2.3 气象特征

广州地处珠江三角洲,濒临南海,海洋性气候特征显著,属于南亚热带海洋性季风气候。年内冬夏季风交替影响,具有光能充裕、暖热少寒、雨量充沛等气候特征。春季(3—5 月)气温和降水均处在上升时期,冷暖交替变化,天气不稳定性很大;夏季(6—8 月)受海洋气团的影响,盛行东南季风,雨量充沛,常受到热带气旋影响,多出现暴雨天气;秋季(9—11 月)冷空气开始影响广州,气温逐渐下降,降雨渐少;冬季(12—次年 2 月)盛行东北风或北风,降雨较少。

广州市全年气温相对较高,全年平均温度 21.5～22.2℃。气温年内变化为单峰型,最高出现于 7—8 月,月平均气温达 28.7℃,最低在 1 月,月平均气温为 9～16℃。广州市雨量充沛,雨季明显,年降水日数在 150 天左右。4—9 月为多雨季节,半年降水量一般占年降水量的 80% 以上,其中 5—6 月降雨量最多,月平均降雨量达 280～300 mm,受台风等天气影响,常有大暴雨出现;11 月至翌年 1 月降雨量最少。

2.4 水系概况

广州市地处南方丰水区,境内河流水系发达,大小河流(涌)众多,水域面积广阔,集雨面积在 100 km² 以上的河流共有 22 条,河宽 5 m 以上的河流 1 368 条,总长 5 092 km,河道密度达到 0.75 km/km²,构成独特的岭南水乡文化特色,对改善城市景观、维持城市生态环境稳定起到突出作用。全市的水域面积 7.44 万公顷,约占全市土地面积的 10%,主要河流有北江、东江北干流及增江、流溪河、白坭河、珠江广州河段、市桥水道、沙湾水道等,北江、东江流经广州市,汇合珠江入海。全市分为九大流域,流域水系分布见图 2.2。

图 2.2 广州市流域水系分布图

（1）流溪河流域。广州市境内流域面积为 2 256.72 km²，流域内河流（涌）共计 279 条，长度约为 1 381.98 km，主要河流有流溪河、潖江二河、吕田河、牛栏水、汾田水、牛路水、小海河、龙潭河、网顶河及老山水。

（2）白坭河流域。广州市境内流域面积为 844.70 km²，流域内河流（涌）共计 90 条，长度约 462.40 km，主要河流有白坭河、国泰水、新街河及跃进河。

（3）珠江西航道流域。广州市境内流域面积为 99.15 km²，流域内河流（涌）共计 71 条，长度约为 163.47 km。主要河流有珠江西航道、驷马涌、荔枝湾涌及海口涌等。

（4）石井河流域。广州市境内流域面积为 82.10 km²，流域内河流（涌）共计 35 条，长度约 95.04 km，主要河流有石井河、新市涌、田心涌及景泰涌等。

（5）珠江后航道流域。广州市境内流域面积为 91.94 km²，流域内河流（涌）共计 72 条，长度约 176.84 km，主要河流有珠江后航道、海珠涌及黄埔涌等。

（6）珠江前航道流域。广州市境内流域面积为 443.70 km²，流域内河流（涌）共计 89 条，长度约 305.36 km，主要河流有珠江前航道、二沙涌及猎德涌等。

（7）大石、三枝香、沥滘水道流域。广州市境内流域面积为 192.81 km²，流域内河流（涌）共计 93 条，长度约 193.23 km，主要河流有大石水道、三枝香水道及沥滘水道等。

（8）屏山河、沙湾水道流域。广州市境内流域面积为 1 105.16 km²，流域内河流（涌）共计 414 条，长度约为 1 278.07 km，主要河流（涌）有屏山河、沙湾水道及蕉门水道等。

（9）东江、增江流域。广州境内流域面积为 1 808.63 km²，流域内河流（涌）共计 225 条，长度约 1 075.15 km，主要有增江、二龙河及兰溪水等。

2.5 社会经济

根据 2023 年广东地区生产总值统一核算结果，广州市实现地区生产总值

(初步核算数)30 355.73亿元,按可比价格计算,比上年(下同)增长4.6%。其中,第一产业增加值317.78亿元,增长3.5%;第二产业增加值7 775.71亿元,增长2.6%;第三产业增加值22 262.24亿元,增长5.3%。三次产业结构为1.05∶25.61∶73.34。第一、第二、第三产业对经济增长的贡献率分别为0.9%、15.0%和84.1%。人均地区生产总值达161 634元(按年平均汇率折算为22 938美元),增长4.5%。

2023年全年民营经济实现增加值12 590.28亿元,比上年增长5.2%,占地区生产总值比重为41.5%。"3+5"战略性新兴产业合计实现增加值9 333.54亿元,占地区生产总值比重为30.7%。先进制造业增加值增长0.5%,占规模以上工业增加值比重为60.5%。装备制造业增加值增长1.6%,占规模以上工业增加值比重为47.2%。高技术制造业投资增长19.2%,占工业投资额比重为39.5%。现代服务业增加值14 782.54亿元,增长4.9%,占第三产业比重为66.4%。生产性服务业增加值12 595.49亿元,增长7.2%,占第三产业比重为56.6%。限额以上批发零售业实物商品网上零售额为2 835.20亿元,增长8.9%,占社会消费品零售总额比重为25.7%。

2023年广州市人口总量平稳增长,年末常住人口1 882.70万人,城镇化率为86.76%。年末户籍人口1 056.61万人,户籍出生人口11.58万人,出生率11.07‰;死亡人口7.69万人,死亡率7.35‰;自然增长人口3.89万人,自然增长率3.72‰。户籍迁入人口22.05万人,迁出人口4.28万人,机械增长人口17.77万人。户籍人口城镇化率为81.86%。

3

基于多源光学遥感的高密度城市下垫面时空演变研究

本研究基于 Landsat 系列、哨兵系列等多源光学遥感数据，建立高密度城市下垫面分类体系：耕地、林地、草地、灌木、荒地、水域、不透水面，采用模糊分类算法，提取获得广州市 1990—2020 年的下垫面时空间分布情况，并通过土地利用动态度和土地利用转移矩阵方法，对 1990—2020 年广州市下垫面变化速率和各下垫面类型空间转移等演变规律特征进行定量分析。

3.1 研究方法

为准确表达广州市下垫面的时空变化特征，本研究采用土地利用动态度、土地利用转移矩阵对 1990—2020 年广州市的下垫面演变情况进行分析。其中，土地利用动态度是对广州市用地规模的动态演变特征的量化，土地利用转移矩阵是针对下垫面转换方向的描述。

3.1.1 土地利用动态度

土地利用动态度包括单一土地利用动态度(K)及综合土地利用动态度(LC)[117]，可以表征某种/综合土地利用类型在一定时期内的变化程度，其值越大，表示土地利用变化越强，公式如下：

$$K = \frac{W_b - W_a}{W_a} \times \frac{1}{t} \times 100\% \qquad (3.1\text{-}1)$$

$$LC = \left(\frac{\sum_{i=1}^{n} \Delta LU_{i-j}}{2 \sum_{i=1}^{n} \Delta LU_i} \right) \times \frac{1}{t} \times 100\% \qquad (3.1\text{-}2)$$

W_a、W_b 为研究起始期与末期单一土地利用类型面积(km^2)，t 为研究时间段的差值(年)。LU_i 为研究初期的第 i 类土地类型的面积(km^2)，ΔLU_{i-j} 为研究末期第 i 类、第 j 类土地类型彼此转换的面积之和(km^2)，n 为土地类型数量。

3.1.2 土地利用转移矩阵

土地利用转移矩阵[118,119]来源于系统分析中对系统状态与状态转移的定量描述,其反映在一定时间间隔下,一个系统从 T 时刻状态向 $T+1$ 时刻状态转化的过程,利用该方法可以更好地揭示土地利用格局的时空演化过程。转移矩阵数学表达形式如下:

$$E_{ij} = \frac{P_{ij}}{\sum_{j=1}^{n} P_{ij}} \qquad (3.1\text{-}3)$$

式中,E_{ij} 为第 i 类土地类型转变为 j 类土地类型的比例,P_{ij} 为第 i 类土地类型转变为 j 类土地类型的面积(km^2),n 为土地类型数量。

3.2 下垫面空间分布特征

基于多源遥感影像和模糊分类算法,获得 1990—2020 年广州市下垫面时空分布情况如图 3.1 所示。

由图 3.1 可知,1990—2020 年广州市主要下垫面覆盖类型主要为耕地、林地、不透水面,其次为水域、草地、灌木等。1990 年,耕地主要分布于广州市西部、南部以及东部地形高程较低的地区,如从化、花都、白云、番禺、南沙以及增城等地,其中在天河、越秀、海珠、荔湾等中心城区地带也有零散分布;林地与耕地空间分布情况相反,其主要分布于广州北部、中部等高程较高的地区,如花都北部、从化东南部、增城北部等地;不透水面则主要集中分布于越秀区、海珠区、天河区、荔湾区等地,其余各地则呈现少量点状分布;广州市水系发达,其中南部靠海区域河网密度高,北部区域河网密度低;而草地、灌木、荒地等在广州市分布较少。对比分析 2000 年、2010 年、2020 年广州市下垫面覆盖情况可知,随着 21 世纪广州市城镇化发展进程的推进,广州市下垫面覆盖类型空间分布结构发生了剧烈变化,不透水面迅速向耕地、林草地扩张,在整个空间中呈现出连续的面状分布,到 2020 年,天河、越秀、海珠、荔湾、黄埔以及番禺、白云、花都等地不透水面呈现显著增加趋势,而耕地空间分布显著缩减,围绕不透水面呈现零散化分布格局。

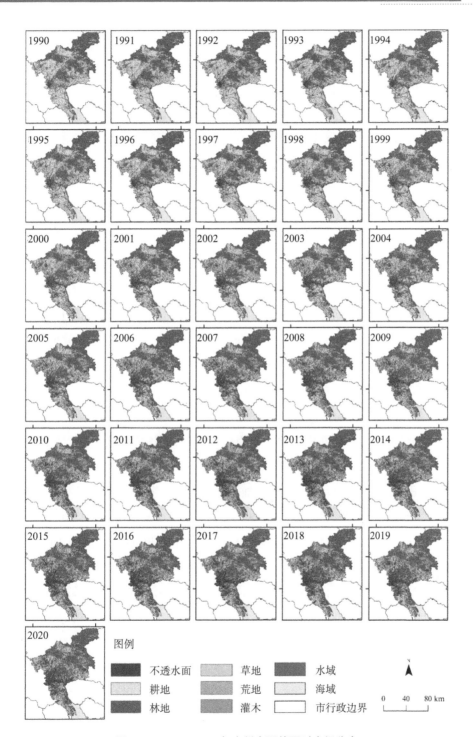

图 3.1   1990—2020 年广州市下垫面时空间分布

3.3 下垫面时空格局演变特征

在城镇化扩张背景下,广州市下垫面变化频繁,为准确表达下垫面的时空变化特征,本研究采用土地利用动态度、土地利用转移矩阵对1990—2020年广州市下垫面变化情况进行分析,研究下垫面演变过程和空间转移变化特征。

3.3.1 下垫面时间演变特征

根据本研究下垫面分类结果和土地利用动态度模型方法,可得1990—2020年广州市各类下垫面覆盖面积实际演变情况(图3.2)和变化程度(表3.1),根据土地利用动态度原理可知其绝对值越大,表示土地利用变化越大。

由图3.2可知,1990—2020年广州市下垫面变化剧烈,其中以耕地、不透水面和林地变化幅度最大。耕地面积主要呈现减少现象,耕地面积占比由1990年的45.61%减少至2020年的30.58%,到2020年,耕地面积减少了15.03%,其中又尤其以1990—2010年变化幅度最大,2010年以后耕地面积变化明显减缓;与耕地面积变化趋势相反,广州市不透面面积呈现出"逐年增加"趋势,由1990年的3.65%增加到2020年的18.39%,共增加了14.74%;林地面积在1990—2020年呈现"增加—急速减少—稳定—增加—缓慢减少"的一个变化趋势,但是林地面积整体占比波动较小,面积占比保持在44%~47%之间;草地面积整体变化趋势与林地相似,呈现出"先增加—减少—再增加—再减少"的变化趋势,草地面积占比比较低(小于1%),2007—2018年减少幅度最大,面积占比由2007年的0.22%减少至2018年0.045%;灌木面积整体也呈现出减少的趋势,但是灌木面积占比极低,仅为广州市总面积的0.0045%~0.007%;荒地面积主要呈现"减少—稳定—缓慢上升"的变化趋势,面积占比在0~0.002%之间波动,在整个下垫面分类体系中占比最少;水域面积在1990—2020年整体变化不大,呈现"缓慢增加—稳定—缓慢减少"的变化趋势,1990—2000年主要为缓慢增加趋势,面积占比由5.42%增加到7.01%,2000—2010年处于较稳定的状态,面积占比总体维持在7%~8%之间,

2010—2020 年期间主要为缓慢减少趋势,面积占比由 7.5% 减少到 6.02%。

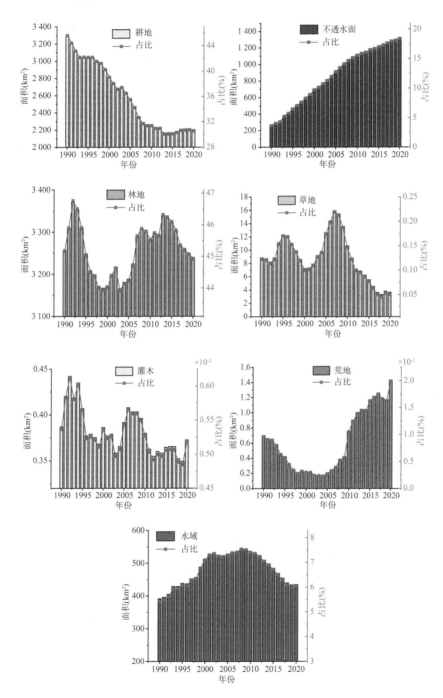

图 3.2 1990—2020 年广州市下垫面覆盖面积时序演变过程

利用统计分析法对广州市1990—2020年的各下垫面类型面积进行统计得到下垫面覆盖结构变化后,根据土地利用动态度模型计算公式,得到广州市各类下垫面的利用程度以及下垫面综合利用程度(表3.1)。由表3.1可知,1990—2020年耕地、林地、灌木及草地的利用动态度为负值,水域、荒地和不透水面的利用动态度则为正值,其中不透水面变化幅度最大,土地利用动态度为13.46%,是所有下垫面类型变化最大的,其次为荒地,其土地利用动态度为3.51%,其余下垫面变化幅度从大到小依次为草地(—1.97%)、耕地(—1.10%)、水域(0.37%)、灌木(—0.12%)、林地(—0.02%)。从各年份的土地利用动态度可以看出,1990—2020年广州市的耕地变化均为负值,且变化幅度最大的时间段为2000—2010年,该时段的耕地利用动态度为—1.97%;林地的利用动态度在1990—2020年总体变化为负值,从1990年开始,到2000年林地变化为负值,利用动态度为—0.26%,但2000—2010年,林地的利用动态度为正值,在2010—2020年又为负值;1990—2020年,灌木利用动态度均负值,但是其变化呈现出绝对值递增趋势,在2010—2020年,其利用动态度为—0.19%;草地的利用动态度则与林地相似,1990—2000年的利用动态度为负值(—1.83%),2000—2010年的利用动态度为正值(4.76%),2010—2020年利用动态度为负值(—6.60%),整个研究时段为负值,且相比耕地、林地、灌木,其利用动态度变化最大(—1.97%);水域在1990—2000年、2000—2010年、2010—2020年三个时段的利用动态度分别为3.09%、0.43%、—1.87%,1990—2000年时段内水域面积利用变化率最高,但主要变化趋势为增加;荒地在1990—2000年、2000—2010年、2010—2020年三个时段的利用动态度分别为—6.87%、24.79%、8.88%,2000—2010年时段内荒地利用变化率最高,随后土地利用动态度降低;不透水面的利用动态度呈现缓慢降低的现象,三个时段的利用动态度分别为16.60%、5.99%、1.85%,整个研究时段内动态度为13.46%,是所有下垫面中利用程度变化最大的一个类型。从广州市综合土地利用程度计算结果可知,1990—2020年广州市下垫面整体利用动态度为1.54%,1990—2000年、2000—2010年、2010—2020年三个时段内综合土地利用程度分别为0.77%、0.77%、0.29%,说明前两个时期为利用变化较为剧烈的时期,土地利用变化较快,2010—2020年,广州市整体土地利用程度发展趋势有所减缓。

表 3.1 广州市下垫面土地利用动态度

类型		1990—2000 年	2000—2010 年	2010—2020 年	1990—2020 年
单一土地 利用动态度	耕地	−1.43%	−1.97%	−0.25%	−1.10%
	林地	−0.26%	0.34%	−0.13%	−0.02%
	灌木	−0.02%	−0.16%	−0.19%	−0.12%
	草地	−1.83%	4.76%	−6.60%	−1.97%
	水域	3.09%	0.43%	−1.87%	0.37%
	荒地	−6.87%	24.79%	8.88%	3.51%
	不透水面	16.60%	5.99%	1.85%	13.46%
综合土地利用动态度		0.77%	0.77%	0.29%	1.54%

3.3.2 下垫面空间演变特征

本研究通过建立土地利用转移矩阵,对广州市 1990—2000 年、2000—2010 年、2010—2020 年、1990—2020 年 4 个时段的下垫面转移变化进行分析,结果见表 3.2、表 3.3、表 3.4、表 3.5。

分析各时段的土地利用类型转移情况发现,表 3.2 中 1990—2000 年不透水面面积转出 5.43 km^2,主要转出为耕地、水体、林地,同时该时段内有 443.43 km^2 其他用地转化为不透水面,用地来源同样以耕地、林地、水体为主。草地的转出面积为 6.47 km^2,主要转为不透水面、草地、耕地、水体,转入面积为 4.92 km^2,主要来自耕地和林地。耕地转出面积为 772.23 km^2,主要转为不透水面、林地和水体,其占比分别为 52.08%、26.05% 和 21.44%,耕地转入面积为 298.28 km^2,转入来源主要以林地和水体为主。灌木和荒地转出 (0.15 km^2、0.57 km^2)、转入面积(0.17 km^2、0.10 km^2)较少,且在该时段内的转换基本持平,在此不做详细分析。林地转出面积为 287.44 km^2,其中 91.20% 转化为耕地,7.71% 转化为不透水面,该时段转化为林地的土地(203.91 km^2)主要来自耕地(201.17 km^2)。水体的转出面积为 48.97 km^2,主要转为耕地和不透水面,转入面积为 170.54 km^2,其主要来源为耕地,占比为 97.09%。

2000—2010 年(表 3.3),不透水面转入面积远大于转出面积(分别为 436.14 km² 和 14.33 km²),转入的不透水面主要来自耕地、水体和林地,其占比分别为 86.81%、7.83% 和 4.95%,而转出的不透水面则主要为耕地和水体。草地转出面积为 5.70 km²,主要转化为不透水面、耕地、草地等,转入与转出面积相差不大,转入面积为 8.98 km²,主要来源于耕地。耕地的转出面积大于转入面积,转出和转入的面积分别为 782.43 km²、221.67 km²,其大部分转化为不透水面(占比 48.39%)、林地(占比 38.18%)和水体(占比 12.51%),但耕地面积转入的主要为林地(166.26 km²)和水体(45.02 km²)。灌木和荒地的转入与转出基本持平,且数量较少,在面积的变化上保持稳定。林地的转入面积大于转出面积,转出和转入面积分别为 191.21 km² 和 303.35 km²,大部分林地转化为耕地(占比 86.95%),但转入的面积也主要来自耕地(占比 98.47%)。在该时段内,水体的转出面积为 83.31 km²,主要转为耕地(45.02 km²)和不透水面(34.17 km²),转入面积为 106.34 km²,其主要来源为耕地,占比为 92.01%。

2010—2020 年(表 3.4),不透水面转入面积大于转出面积(分别为 393.32 km² 和 173.35 km²),转入的不透水面主要来自耕地、水体、林地,其占比分别为 83.14%、10.37%、5.13%,转出的不透水面同样主要转换为耕地、水体和林地,占比分别为 80.03%、11.50%、8.04%。草地转出面积和转入面积分别为 9.76 km² 和 2.42 km²,转入面积小于转出面积,其中有 4.90 km² 转化为不透水面,3.72 km² 转化为耕地。耕地的转出面积与转入面积相差不大,转出和转入的面积分别为 597.02 km²、543.00 km²,其大部分转化为不透水面(占比 54.77%)、林地(占比 37.31%)和水体(占比 7.63%),而耕地的转入主要来源为林地(263.67 km²)、不透水面(138.74 km²)和水体(136.75 km²)。灌木和荒地的转入与转出基本持平,且数量较少,在面积的变化上保持稳定。林地的转出面积和转入面积分别为 294.77 km² 和 253.30 km²,大部分林地转化为耕地(占比 89.45%)和不透水面(占比 6.85%),转入的面积主要来自耕地(占比 87.93%)、水体(占比 6.17%)和不透水面(占比 5.50%)。水体的转出面积(193.57 km²)远大于转入面积(75.80 km²),大部分水体主要转化为耕地(136.75 km²)和不透水面(40.78 km²),转入面积主要来源于耕地

(45.53 km²)、不透水面(19.93 km²)、林地(10.12 km²)。

从总体研究时段来看(表 3.5),1990—2020 年不透水面转入面积远大于转出面积(分别为 1 107.34 km² 和 27.54 km²),其中,转入的不透水面主要来自耕地(占 86.74 比%)、林地(占比 8.39%)和水体(占比 4.45%)。草地转出面积和转入面积分别为 8.26 km² 和 2.65 km²,主要转化为不透水面(3.46 km²)、水体(1.76 km²)和耕地(1.77 km²),转入面积主要来自耕地。总体研究时段内耕地的转出面积远大于转入面积,转出和转入的面积分别为 1 445.23 km²、356.40 km²,其中 960.48 km² 的面积转化为不透水面(占比 66.46%)、349.89 km² 的面积转化为林地(占比 24.21%)、131.76 km² 的面积转化为水体(占比 9.12%)。灌木和荒地的转入、转出面积均小于 2 km²,数量较小。林地的转出面积与转入面积基本持平,其面积分别为 379.60 km² 和 366.74 km²,林地主要转化为耕地(占比 73.17%)和不透水面(占比 24.46%),转入主要来自耕地,占比为 95.41%。水体转出面积与转入面积也基本相差不大,分别为 121.34 km² 和 148.18 km²,其中,水体主要转化为耕地(占比 47.83%)和不透水面(占比 41.43%),转入面积主要来自耕地,其占比为 88.92%。

综上可知,1990—2020 年耕地面积呈现减少趋势,转出面积大于转入面积,转出面积呈现逐年减少的趋势,主要转出为不透水面,结合不透水面面积不断增加的现象,表明随着城市化进程的推进,广州市耕地逐年减少,建设用地扩张呈现蔓延趋势,同时林地和草地各时段的转入量均小于转出量。说明,林地和草地面积随着时间推移逐渐减少。不透水面面积不断增加,而转入的面积主要来自耕地、林地和水体,这表明广州市建设用地的扩张且以减少耕地、林地和少量水体作为代价的。

表 3.2　广州市 1990—2000 年土地利用变化情况(km²)

1990 ＼ 2000	不透水面	草地	耕地	灌木	荒地	林地	水体	总计	减少
不透水面	253.48	0.01	3.35	0	0.00	0.15	1.91	258.90	5.43
草地	3.05	1.85	1.85	0.00	0.05	0.33	1.18	8.31	6.47

续表

1990 ＼ 2000	不透水面	草地	耕地	灌木	荒地	林地	水体	总计	减少
耕地	402.19	3.35	2 525.47	0.00	0.03	201.17	165.58	3 297.79	772.32
灌木	0	0.02	0.00	0.16	0	0.12	0	0.31	0.15
荒地	0.22	0.22	0.03	0	0.11	0.00	0.10	0.68	0.57
林地	22.17	1.19	262.15	0.17	0.00	2 968.13	1.77	3 255.57	287.44
水体	15.80	0.13	30.90	0	0.01	2.13	337.74	386.71	48.97
总计	696.90	6.77	2 823.75	0.33	0.20	3 172.04	508.29	7 208.28	1 121.35
增加	443.43	4.92	298.28	0.17	0.10	203.91	170.54	1 121.35	—

表 3.3　广州市 2000—2010 年土地利用变化情况（km²）

2000 ＼ 2010	不透水面	草地	耕地	灌木	荒地	林地	水体	总计	减少
不透水面	682.58	0.03	8.03	0	0.01	0.56	5.70	696.90	14.33
草地	1.81	1.06	2.35	0.00	0.03	0.53	0.99	6.77	5.70
耕地	378.60	6.93	2 041.31	0	0.33	298.72	97.85	2 823.75	782.43
灌木	0	0.02	0.00	0.23	0	0.07	0	0.33	0.09
荒地	0.03	0.05	0.01	0	0.02	0.01	0.08	0.20	0.18
林地	21.54	1.54	166.26	0.09	0.07	2 980.83	1.72	3 172.04	191.21
水体	34.17	0.40	45.02	0	0.26	3.46	424.99	508.29	83.31
总计	1 118.72	10.04	2 262.98	0.32	0.72	3 284.18	531.32	7 208.28	1 077.26
增加	436.14	8.98	221.67	0.09	0.70	303.35	106.34	1 077.26	—

表 3.4　广州市 2010—2020 年土地利用变化情况（km²）

2010 ＼ 2020	不透水面	草地	耕地	灌木	荒地	林地	水体	总计	减少
不透水面	945.37	0.34	138.74	0.00	0.40	13.94	19.93	1 118.72	173.35
草地	4.90	0.28	3.72	0.01	0.18	0.73	0.22	10.04	9.76
耕地	327.00	1.39	1 665.96	0.00	0.37	222.73	45.53	2 262.98	597.02

续表

2010＼2020	不透水面	草地	耕地	灌木	荒地	林地	水体	总计	减少
灌木	0.00	0.01	0.01	0.05	0.00	0.25	0.00	0.32	0.27
荒地	0.45	0.01	0.12	0.00	0.11	0.02	0.01	0.72	0.61
林地	20.18	0.51	263.67	0.25	0.02	2 989.41	10.12	3 284.18	294.77
水体	40.78	0.15	136.75	0.00	0.27	15.63	337.75	531.32	193.57
总计	1 338.69	2.70	2 208.96	0.32	1.35	3 242.71	413.55	7 208.28	1 269.35
增加	393.32	2.42	543.00	0.27	1.24	253.30	75.80	1 269.35	—

表 3.5　广州市 1990—2020 年土地利用变化情况（km^2）

1990＼2020	不透水面	草地	耕地	灌木	荒地	林地	水体	总计	减少
不透水面	231.35	0.01	18.71	0.00	0.02	2.49	6.31	258.90	27.54
草地	3.46	0.06	1.77	0.00	0.00	1.26	1.76	8.31	8.26
耕地	960.48	2.02	1 852.56	0.00	1.09	349.89	131.76	3 297.79	1 445.23
灌木	0.00	0.02	0.00	0.03	0.00	0.26	0.00	0.31	0.28
荒地	0.27	0.04	0.12	0.00	0.00	0.01	0.25	0.68	0.68
林地	92.86	0.45	277.77	0.28	0.13	2 875.97	8.10	3 255.57	379.60
水体	50.27	0.11	58.03	0.00	0.10	12.82	265.37	386.71	121.34
总计	1 338.69	2.70	2 208.96	0.32	1.35	3 242.71	413.55	7 208.28	1 982.94
增加	1 107.34	2.65	356.40	0.28	1.35	366.74	148.18	1 982.94	—

　　同时,本研究也分析了各时段内广州市的下垫面转换的空间分布情况(图 3.3),由图 3.3 分析可知,1990—2020 年不同用地类型间转换方式多样,主要表现为其他土地利用类型向不透水面、林地和水体的流转。其中 1990—2000 年、2000—2010 年各地类间相互转换较 2010—2020 年更为活跃。综合分析 1990—2020 年下垫面空间转换分布情况可知,广州市下垫面转换的范围分布较广,其中新增不透水面变化区域集中于广州市南部,围绕越秀、海珠、荔湾等中心城区呈现辐射分布,如天河区、番禺区、增城区南部等;新增林地

变化区域主要围绕广州市北部山区分布,如从化区南部、花都区北部、增城区周围、黄埔区北部等,新增水体空间变化范围主要分布于广州市南部入海口周围,主要包括番禺区、南沙区等。

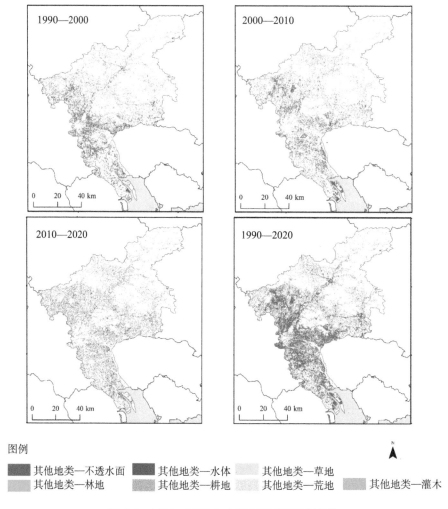

图 3.3 1990—2020 年广州市下垫面类型转换

综上分析 1990—2020 年广州市下垫面转换的空间变化可知,其下垫面转换发生的范围主要为广州市中部、南部,主要表现为不透水面、林地和水域3 种地类的增加,下垫面转换方式主要为耕地、林地和水体等转为不透水面,其他用地转换为林地。

4

卫星降水数据的
精度与适用性评价

卫星降水数据是一种非接触式的反演估计,由于受到传感器本身的精度、反演算法不成熟等影响,实时的纯卫星降水数据存在较大的误差和不确定性。不同卫星降水数据的精度特征存在差异,同一种卫星降水数据在不同时间尺度以及不同地区的精度也不同。目前已发布的卫星降水数据均存在普遍的高估或低估的问题和误差不确定性,因此在将卫星遥感反演降水数据应用于气候变换、水资源管理和干旱等研究前,还需做多方面的精度评估和误差分析。为更好地了解卫星降水产品的误差特征,本章选择合适的降水产品系列开展相关研究,以广州市及周围的 24 个地面气象站点的 2015—2018 年实测降水数据为依据,利用一系列精度指标对修正后 GPM 卫星降水产品的精度和适用性分别在日、月、年尺度上展开了精度评估工作。

4.1 精度评价指标

4.1.1 一致性评价指标

为验证卫星降水数据与地面观测数据的一致性,研究采用了三个被广泛使用的精度指标,分别为:相关系数 CC(Correlation Coefficient),均方根误差 RMSE(Root Mean Square Error),以及相对偏差,BIAS(Relative Bias)。CC 是卫星降水数据与地面观测值之间线性相关程度的指标,描述了卫星降水数据与地面观测降水数据的同步关系,最优值为 1;相对于 ME(Mean Error),RMSE 不受误差正负的影响,且给予误差更大的权重,并能用于描述卫星降水数据相对地面观测值的偏离程度,还能表示两者的离散程度,RMSE 值越小越好,最优值为 0;BIAS 表示卫星降水数据较之于地面观测值整体相对偏差大小,能描述误差相对于地面观测值的比例,最优值为 0。各一致性统计指标的具体公式如下:

$$CC = \frac{\sum_{i=1}^{n}(G_i - \overline{G})(S_i - \overline{S})}{\sqrt{\sum_{i=1}^{n}(G_i - \overline{G})^2}\sqrt{\sum_{i=1}^{n}(S_i - \overline{S})^2}} \tag{4.1-1}$$

$$RMSE = \sqrt{\frac{1}{n}\sum_{i=1}^{n}(S_i - G_i)^2} \tag{4.1-2}$$

$$BIAS = \frac{\sum_{i=1}^{n}(S_i - G_i)}{\sum_{i=1}^{n}G_i} \times 100\% \tag{4.1-3}$$

式中，n 代表样本个数，G_i 与 $\overline{G}$ 分别代表地面观测降水与其平均值，S_i 与 $\overline{S}$ 分别代表卫星降水数据与其平均值。以往已有研究表明，当卫星降水数据与地面实测数据之间 CC 较大，$RMSE$ 较低且 $BIAS$ 接近 0 时，卫星降水数据精度较高，适用性较好。

4.1.2　分类评价指标

为了检验 GPM 卫星降水产品对降水事件的监测能力，采用三种分类评价指标——命中率 POD(Probability of Detection)、误报率 FAR(False Alarm Rate)和临界成功指数 CSI(Critical Success Index)来衡量卫星降水产品对降水事件发生的探测能力，三类指标取值区间均为[0,1]。POD 表示卫星正确探测到的降雨事件的比例，越大越好；FAR 衡量的是卫星探测到的实际没有发生的降雨事件的比例，越小越好；CSI 是 POD 和 FAR 组成的函数，考虑了误报和漏报降水事件从而给出了更均衡的评分。各分类指标的计算公式为：

$$POD = \frac{H}{H+M} \tag{4.1-4}$$

$$FAR = \frac{F}{H+F} \tag{4.1-5}$$

$$CSI = \frac{H}{H+M+F} = \frac{1}{\dfrac{1}{POD}+\dfrac{1}{1-FAR}-1} \tag{4.1-6}$$

其中，$H(Hit)$ 为命中事件，即卫星和地面同时观测到降水的事件数；$M(Miss)$ 为漏报事件，即地面观测到降水但卫星未观测到降水的事件数；$F(False)$ 与 M 相反，为误报事件，表示卫星观测到降水但地面未观测到降水的事件数。划分这些事件的前提是设置一个阈值，即判断是否发生降水的阈值。考虑到雨量计观测和卫星反演降水在微量降水事件中倾向产生较大的误差[120,121]，所以选择 1 mm/day 作为判断降水是否发生的阈值，这和很多研究中建议采用的阈值一样[122-126]。

4.2　日尺度卫星降水数据精度评价

　　图 4.1 和表 4.1 给出了以地面实测降水数据为基准，校正后的 GPM 卫星降水数据的精度验证结果。由地面实测的日降水量与校正后的 GPM 卫星日降水量之间散点图可知，日尺度上，校正后的 GPM 卫星降水数据与地面实测的日降水量仍存在一定的误差，2015 年、2016 年、2017 年、2018 年线性拟合的决定系数分别为 0.64、0.58、0.52、0.62。但从表 4.1 中的一致性评价指标来看，GPM 卫星降水数据在广州地区 2015 年、2016 年、2017 年、2018 年的相关系数 CC 值分别为 0.80、0.76、0.72、0.80，表明在日尺度上，GPM 卫星降水数据与地面观测降水数据的线性相关程度较高，但是 CC 值只能反映数据之间的一致性，无法反映整体数据精度变化，因此需对另外评价指数进行分析。2015 年、2016 年、2017 年、2018 年校正后的 GPM 卫星数据 BIAS 值分别为 0.04％、0.05％、0.12％、0.11％，表明校正后的 GPM 卫星数据与地面观测降水数据之间的系统误差较小，但还存在一定程度的高估现象。从 RMSE 指标来看，校正后的 GPM 卫星数据与地面观测降水数据也较为接近，2015 年、2016 年、2017 年、2018 年 RMSE 值变化范围在 9～11 mm 之间。这说明卫星降水数据在广州市地区的精度较高，适用性较好。

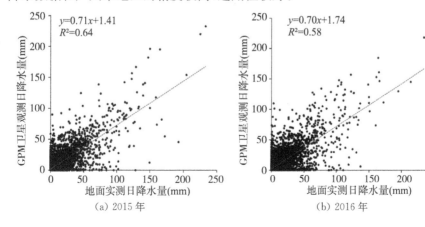

(a) 2015 年　　　　　　　　　　(b) 2016 年

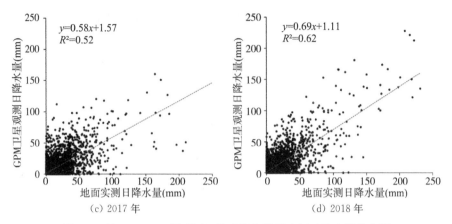

（c）2017 年　　　　　　　　　　（d）2018 年

图 4.1　校正 GPM 卫星观测日降水量与地面实测日降水量散点图

表 4.1　GPM 卫星观测日降水量与地面实测日降水量精度分析

指标	2015 年	2016 年	2017 年	2018 年	平均
CC	0.80	0.76	0.72	0.80	0.77
BIAS	0.04%	0.05%	0.12%	0.11%	0.08%
RMSE	9.66 mm	11.00 mm	9.94 mm	9.45 mm	10.02 mm

4.3　月尺度卫星降水数据精度评价

2015—2018 年地面站点实测与校正后 GPM 卫星观测的月尺度降水量数据分布情况如图 4.2。由图 4.2 可知在月尺度上，GPM 卫星观测数据与地面站点实测数据相差不大，但卫星观测数据略低于地面实测月降水量。

由图 4.3 可知，校正后的卫星观测月降水量与站点实测的月降水数据呈高度相关，2015—2018 年线性拟合的决定系数分别 0.92、0.88、0.89、0.93，4 年的相关系数 CC 均达到 0.94 以上（表 4.2），偏差 BIAS 不超过 0.12%，说明利用站点降水数据校正对广州地区卫星降水数据的精度有一定程度的提升。但 4 年的地面实测和卫星观测的月降水数据 RMSE 指标在 40～51 mm 之间变化，这表明 GPM 卫星月尺度降水数据仍然具有一定的不确定性误差。

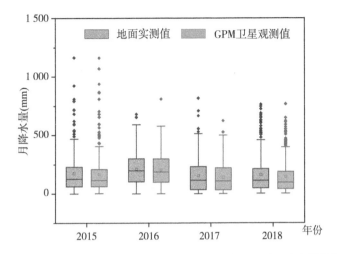

图 4.2 2015—2018 年 GPM 卫星观测月降水量与地面实测月降水量数据分布

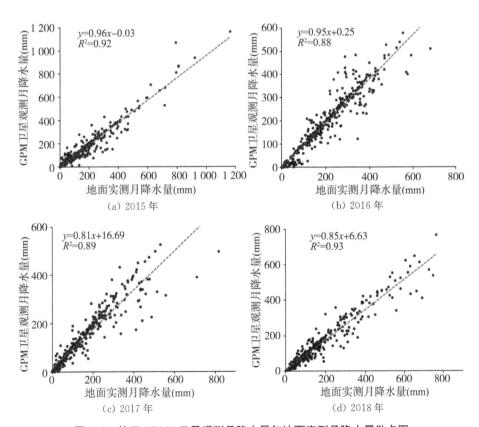

图 4.3 校正 GPMB 卫星观测月降水量与地面实测月降水量散点图

整体而言,相比 2015—2018 年的日尺度降水数据分析来看,GPM 卫星观测月尺度降水数据精度较高,利用 GPM 卫星整体上可以很好地表征地面月尺度降水量。GPM 降水数据与气象站点获取的降雨观测数据在月尺度下具有较强相关性和一致性,结果表明站点降水数据校正是提高卫星降水数据精度的有效方式之一。

表 4.2　GPM 卫星观测月降雨量与地面观测月降雨量精度分析

指标	2015 年	2016 年	2017 年	2018 年
CC	0.97	0.94	0.97	0.97
BIAS	0.05%	0.05%	0.10%	0.12%
RMSE	47.29 mm	48.32 mm	50.62 mm	47.27 mm

4.4　年尺度卫星降水数据精度评价

对 2015 年 1 月—2018 年 12 月共计 4 年的月降雨量数据进行整理,获得 2015—2018 年各年份 29 个站点的地面实测与 GPM 卫星观测降水量数据,结果见图 4.4。由图 4.4 可知,2015—2018 年地面实测与 GPM 卫星观测降水量数据相差不大,但 GPM 卫星观测年总降雨量比地面实测年总降雨量低。

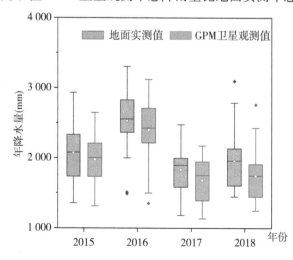

图 4.4　2015—2018 年 GPM 卫星观测年降水量与地面实测年降水量分布

在年尺度上,GPM 卫星观测降水量数据与气象站点实测年降水数据间存在明显的线性关系(如图 4.5 所示),利用线性关系拟合数据可得,两类数据之间拟合直线斜率达 0.85,拟合偏差为 120.30 mm。同时,计算得相关系数 CC 为 0.93,整体相对偏差 BIAS 为 0.10%,平均绝对误差 MAE 为 209.28 mm,说明 GPM 卫星观测降水量数据偏离站点实测降水量数据的程度较小,GPM 卫星观测降水数据与气象站点获取的降水观测数据在年尺度下具有较强相关性和一致性。

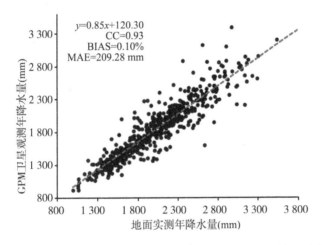

图 4.5　2015—2018 年校正 GPM 卫星观测年降水量与地面实测年降水量散点图

4.5　卫星降水数据的极端降水监测能力研究

在定量分析的基础上进行校正后卫星降水数据的分类评价指标分析,可以更好地反映卫星降水产品对降水事件的监测捕捉能力。采用了三种分类指标进行了相关研究,精度分析结果见表 4.3。根据 2015—2018 年分类指标命中率(POD)与错报率(FAR)进行分析,校正后 GPM 卫星降水产品的 POD 分别为 0.81、0.83、0.82、0.81,4 年间卫星降水数据在降水事件的命中率上表现较好,达到了 0.8 以上,说明校正后的卫星降水产品均能够探测到大部分的降水事件;误报率 FAR 分别为 0.27、0.24、0.27、0.3,说明基于校正后的GPM 卫星降水数据,仅有小部分降水事件被错误判断。

此外,基于校正后的 GPM 卫星降水数据提取了 2015—2018 年各年份各极端降雨指标,与地面监测的极端降雨情况进行了对比分析,结果见图 4.6。由图 4.6 可知,10 个极端降雨指标 PRCPTOT、NW、SDII、Rx1day、Rx5day、R95P、R99P、CWD、R20mm、R50mm 与地面实测极端降雨数据的线性拟合直线斜率均在 0.7 以上,部分指标甚至在 0.9 以上,这说明校正后的 GPM 卫星降雨数据与地面实测的极端降雨数据之间具有较好的线性关系,而线性拟合的决定系数 R^2 分别为 0.83、0.62、0.71、0.72、0.65、0.72、0.61、0.42、0.75、0.63,除 CWD 指标略低外,其余指标决定系数均在 0.6 以上,表明校正后的 GPM 卫星降雨数据与地面实测的极端降雨数据具有较好的拟合度,利用校正后的 GPM 卫星降雨数据进行极端降雨的分析是可行的。

表 4.3　GPM 卫星观测降水数据对降水事件的探测能力分析结果

指标	2015 年	2016 年	2017 年	2018 年	平均
POD	0.81	0.83	0.82	0.81	0.82
FAR	0.27	0.24	0.27	0.30	0.27
CSI	0.000 2	0.000 17	0.000 19	0.000 19	0.000 19

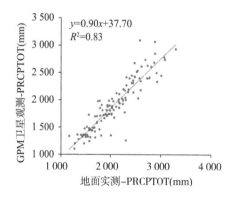

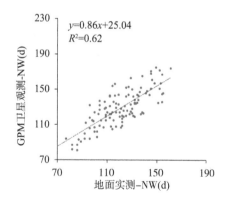

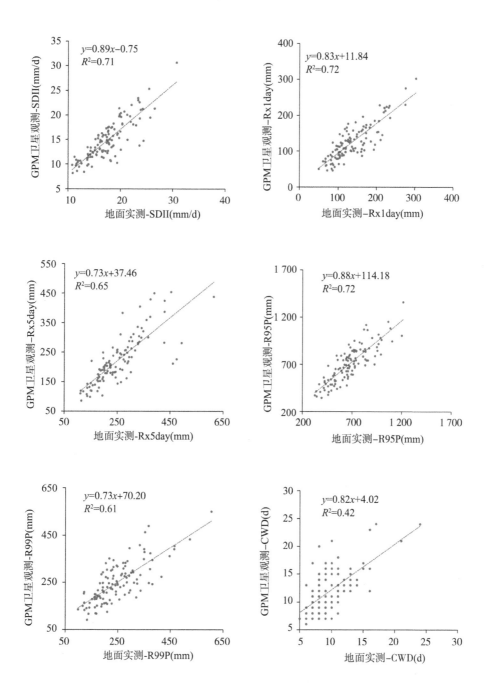

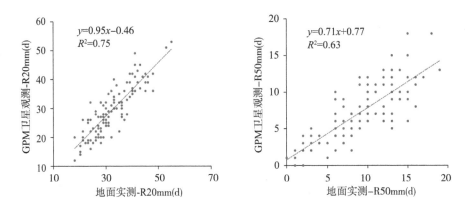

图 4.6　2015—2018 年 GPM 卫星观测极端降雨数据与地面实测极端降雨数据散点图

5

基于卫星降雨
数据的极端降雨
时空演变研究

　　基于长时间序列的卫星降水数据资料,本研究采用地面实测站点与雷达卫星同步观测降水数据进行空间定标与校正,首先了建立日尺度下的雷达卫星降雨数据,并基于日尺度的降雨数据获得了月尺度、年尺度的雷达卫星降雨数据。据此,本部分的研究内容主要包括基于日尺度、月尺度、年尺度卫星降雨数据的广州市年总降雨量时空演变分析以及极端降雨时空演变研究。

5.1　研究方法

5.1.1　极端降雨指标

　　极端气候事件作为一种小概率事件,其具有突发性强、损害性大等特点,掌握极端降水事件的时空特征与演变规律对区域气候变化具有重要意义。气候变化检测、监测和指数专家小组(the Expert Team on Climate Change Detection and Indices,ETCCDMI)推荐了11种极端降水指数,用于描述研究区域的极端降水的强度、频率、持续时间等特征。因此本章选择已广泛用于极端降水变化研究[127,128]的 10 个极端降水指数(EPI)(PRCPTOT、NW、SDII、Rx1day、Rx5day、R95P、R99P、CWD、R20mm、R50mm)以及年度总降水量(ATP)用于探索极端降水时空分布格局和演变特征。每个极端降水指数的定义如表 5.1 所示。

表 5.1　极端降雨指标定义

指标	描述	定义	单位
PRCPTOT	年降雨量	一年内降水日(日降水量≥1 mm)总降水量	mm
NW	降水日数	一年内日降水量≥1 mm 的日数	d
SDII	降雨强度	年降水量与降水日数(日降水量≥1 mm)之比	mm/d
Rx1day	最大日降水量	一年内最大日降水量	mm
Rx5day	最大连续 5 日累计降水量	一年内连续 5 天最大累计降水量	mm
R95P	强降水量	一年内日降水量>研究时段所有日降水 95% 分位值的累计降水量	mm

续表

指标	描述	定义	单位
R99P	极端强降水量	一年内日降水量>研究时段所有日降水99%分位值的累计降水量	mm
CWD	最大连续湿润日数	一年内日降水量≥1 mm的最长连续日	d
R20mm	强降雨日数	一年内日降水量≥20 mm的日数	d
R50mm	极端降雨日数	一年内日降水量≥50 mm的日数	d

5.1.2 Theil-Sen 趋势估计与 Mann-Kendall 趋势检验

本节采用 Theil-Sen 趋势估计[129]和 Mann-Kendall(MK)趋势检验法[130]定量分析各极端降雨指标演变趋势情况。首先计算 Theil-Sen 趋势变化值,接着使用 MK 方法检验 Theil-Sen 趋势的显著性。Theil-Sen 趋势估计是一种稳健的非参数统计趋势计算方法,对测量误差和离群数据不敏感,已广泛应用于长时间序列水文、气象数据的趋势分析[131,132]。MK 趋势检验为非参数检验方法(不要求服从任何分布),统计变量随时间是否具有显著上升或下降的趋势。对于时间序列的变量 $X = \{x_1, x_2, \ldots, x_n\}$,Theil-Sen 趋势计算公式如下:

$$\beta = mean\left(\frac{x_i - x_j}{i - j}\right), \ \forall i > j \qquad (5.1\text{-}1)$$

计算 MK 检验方法的 S 值:

$$S = \sum_{j-1}^{n-1} \sum_{i=j+1}^{n} f(x_i - x_j) \qquad (5.1\text{-}2)$$

$$f(x_i - x_j) = \begin{cases} -1, x_i - x_j < 0 \\ 0, x_i - x_j = 0 \\ 1, x_i - x_j > 0 \end{cases} \quad (1 \leqslant j < i \leqslant n) \qquad (5.1\text{-}3)$$

基于 S 值计算 MK 检验统计量 Z,当变量 X 中每个数据具有唯一性,则 $VAR(S)$ 计算公式见式(5.1-5)。

$$Z = \begin{cases} \dfrac{S-1}{\sqrt{VAR(S)}}, & S > 0 \\ 0, & S = 0 \\ \dfrac{S+1}{\sqrt{VAR(S)}}, & S < 0 \end{cases} \qquad (5.1\text{-}4)$$

$$VAR(S) = \frac{1}{18}\Big[n(n-1)(2n+5) - \sum_{r=1}^{g} t_r(t_r-1)(2t_r+5)\Big]$$

$$(5.1\text{-}5)$$

其中,n 为数据点总数,g 为唯一数数量,t_r 为每个重复数重复次数。

当统计量 Z 的绝对值大于 1.64、1.96、2.576 时分别表示在置信度 90%、95%、99% 下样本具有显著变化趋势(Z 正值具有上升趋势、负值具有下降趋势),反之则不显著。

5.1.3　Mann-Kendall 突变检测

此外,本章还使用 Mann-Kendall 突变检验[133,134]检测极端降水时间序列的突变。该方法考虑了时间序列中所有项的相对值(x_1、x_2、x_3、$\cdots$、x_n)。Mann-Kendall 突变检验计算步骤如下。

(1) 由式(5.1-6)计算检验统计量 S_k,一阶序列 r_j 是通过比较 x_j($j=1,\cdots,n$)与 x_k($k=1,\cdots,j-1$)大小而计算得到的,如式(5.1-7)所示。

$$S_k = \sum_{1}^{j} r_j \qquad (5.1\text{-}6)$$

$$r_j = \begin{cases} 1, x_j > x_k \\ 0, \text{else} \end{cases} \qquad (5.1\text{-}7)$$

(2) 根据式(5.1-8)和式(5.1-9)分别计算统计量 S_k 的均值和方差:

$$E(S_k) = n(n-1)/4 \qquad (5.1\text{-}8)$$

$$VAR(S_k) = j(j-1)(2j+5)/72 \qquad (5.1\text{-}9)$$

(3) 由式(5.1-10)计算连续值UF_k,UB_k为其逆序值。

$$UF_k = [S_k - E(S_k)] / \sqrt{VAR(S_k)} \qquad (5.1\text{-}10)$$

如果$UF_k > 0$,则说明数据序列具有增加趋势,反之则具有下降趋势。当$UF_k \geq UF(t)_{1-a/2} = |\pm 1.96|$,其中$UF(t)_{1-a/2}$为标准正态分布的临界值,说明数据序列呈现明显的上升或下降趋势,而UF_k和UB_k曲线存在于可信度线之间的交点则代表时间序列内趋势可能发生的突变点。

5.2　年总降雨量时空分布

基于年尺度雷达卫星降雨数据,获得广州市1990—2020年年总降雨量空间分布如图5.1所示,采用线性回归拟合定量表达广州市年降雨量均值的变化趋势,结果如图5.2所示,其中斜率表征年总降雨量均值的变化情况。

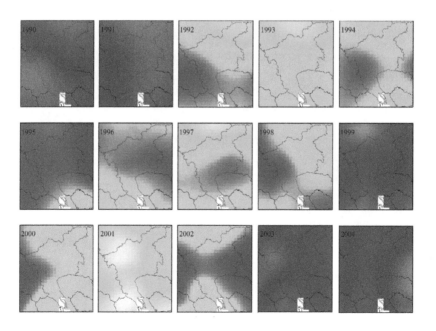

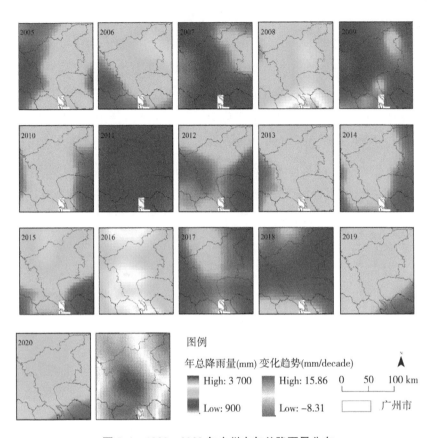

图 5.1 1990—2020 年广州市年总降雨量分布

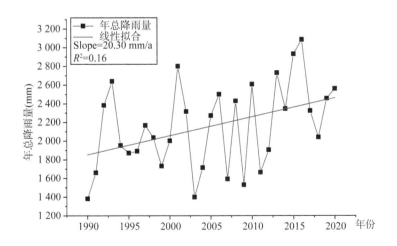

图 5.2 1990—2020 年广州市年总降雨量变化趋势分析

根据图 5.1 可知,广州市年总降雨量集中在 900～3 700 mm 之间,其中 1990、1991、1999、2003、2004、2007、2011 等年份的年总降雨量相对较低,而 1993、2001、2008、2016、2019 等年份的年总降雨量相对较高。从 1990— 2020 年年均降雨量的时间变化趋势的空间分布规律来看,广州市年总量降雨量变化趋势在−8.31～15.86 mm/decade 之间,空间上总体表现为北部趋势高,南部趋势低,结果表明广州市南部年总降雨量递增趋势幅度相对北部较大。整体上看(图 5.2),1990—2020 年广州市年总降雨量均值呈现递增的趋势,由线性拟合结果分析可知,年总降雨量均值也呈现出递增趋势,其中线性拟合的斜率达 20.30 mm/a。

5.3　极端降雨时空演变趋势

5.3.1　极端降雨空间分布格局

基于日尺度雷达卫星降雨数据,广州市 1990—2020 年各极端降雨指标的均值统计结果如表 5.2 所示,空间分布格局如图 5.3 所示。

表 5.2　1990—2020 年广州市极端降雨值

Index	Mean-Value	Index	Mean-Value
PRCPTOT	1 964.63 mm	R95P	670.81 mm
NW	152.84 d	R99P	246.04 mm
SDII	12.98 mm/d	CWD	18.51 d
Rx1day	106.75 mm	R20mm	30.15 d
Rx5day	215.13 mm	R50mm	6.06 d

由表 5.2 可知,广州市极端降雨指标 PRCPTOT、NW、SDII、Rx1day、Rx5day、R95P、R99P、CWD、R20mm 和 R50mm 的时空均值分别为 1 964.63 mm、152.84 d、12.98 mm/d、106.75 mm、215.13 mm、670.81 mm、246.04 mm、18.51 d、30.15 d、6.06 d。从空间分布上来看(图 5.3),广州市各极端降雨指标中 PRCPTOT 的变化范围为 1 789.75～2 124.95 mm、NW 为

136.57～162.50 d、SDII 为 11.57～14.21 mm/d、Rx1day 为 85.03～
122.69 mm、Rx5day 为 174.32～240.53 mm、R95P 为 580.87～738.41 mm、
R99P 为 211.52～287.48 mm、CWD 为 15.16～20.41 d、R20mm 为 26.87～
33.21 d、R50mm 为 4.05～7.36 d。此外，由图 5.3 可得，各极端降雨指标的
空间分布具有较强异质性，PRCPTOT、SDII、Rx1day、Rx5day、R95P、R99P、
R20mm 和 R50mm 等呈现出相似的规律，即较高的极端降雨集中分布于广州
市北部，如从化区、花都区和增城区等，主要原因是该地处于山脉丘陵迎风
面，同时受东南暖湿气流、副热带高压、热带气旋及台风等天气系统影响，雨
量充沛。反之，较低的极端降雨零散分布在广州市西南地区，如白云区、越秀
区、海珠区、天河区等地。

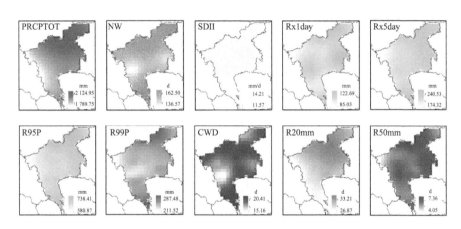

图 5.3　1990—2020 年广州市极端降雨分布

5.3.2　极端降雨时空演变趋势

为探讨 1990—2020 年广州市极端降雨的时空变化特征，本研究采用
Theil-Sen 趋势估计方法和 Mann-Kendall 趋势检验方法计算了广州市
1990—2020 年各极端降雨的趋势，并分析了趋势显著性，研究结果见图
5.4 和图 5.5。

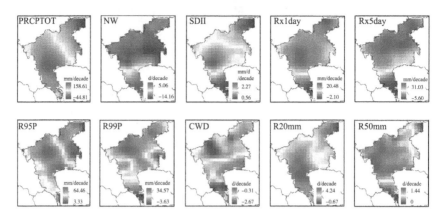

图 5.4　1990—2020 年广州市极端降雨变化趋势分布

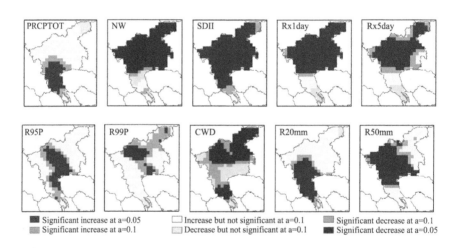

■ Significant increase at a=0.05　□ Increase but not significant at a=0.1　　Significant decrease at a=0.1
　Significant increase at a=0.1　　Decrease but not significant at a=0.1　■ Significant decrease at a=0.05

图 5.5　1990—2020 年广州市极端降雨变化趋势显著性分布

　　结合图 5.4 和图 5.5 分析广州市各极端降雨的变化趋势空间分布模式，可知广州市各地区的极端降雨变化趋势存在一定差异。极端指标 PRCPTOT 在 −44.81～158.61 mm/decade 之间变化，其中 0.05 置信水平下增加的趋势（图 5.5 深褐色）主要集中在广州市越秀区、海珠区、荔湾区、天河区、番禺区及其周围地区，其中极端降雨指标 R20mm 变化趋势的空间分布与指标 PRCP-TOT 相似，变化趋势范围在 −0.67～4.24 d/decade 之间；极端降雨指标 NW 变化趋势范围为 −14.16～5.06 d/decade，整体上看，除南沙区靠海的部分以外,广州市其他区域的 NW 指标均表现为下降趋势(0.05 置信水平显著),此外极端降雨指标 CWD 同样在广州市大部分地区呈现出下降趋势(部分地区0.05 置信水平显著),这说明在全球气候变化背景下,广州市年降雨天数已经出现明显减少的趋势;极端降雨指标 SDII 的变化趋势范围为 0.56～2.27 mm/d/decade,变化趋势均大于 0,这说明 1990—2020 年广州市该指标整体上呈现增加趋势,图 5.5 也直接反映了这一现象,其大部分增加趋势在0.05 置信水平具有显著性,而根据其定义及与其他指标的关系可知,在年总降雨量增加的趋势下,年降雨天数显著减少,势必将会显著加剧广州市的降雨强度;极端降雨指标 Rx1day 和 Rx5day 的变化趋势范围分别为－2.10～20.48 mm/decade 和－5.60～31.03 mm/decade,该两个指标变化趋势的空间分布模式相似,即显著增加的趋势主要集中在广州市北部和中部(0.05 置信水平显著),而下降趋势主要分布在广州市南部沿海地区,其降雨主要受海洋气候影响;极端降雨指标 R95P 和 R99P 的变化趋势范围分别为 3.33～64.46 mm/decade 和－3.63～34.57 mm/decade,两者在广州市的整个空间面上也呈现出了递增的趋势,其中在广州市中部的花都区北部—增城区地区显著增加。R50mm 的变化趋势范围为 0～1.44 d/decade,表明该指标呈现出增加趋势,其中该指标在广州市中部地区如花都区、白云区、黄浦区以及越秀区和荔湾区等均具有显著性(0.05 置信水平)。

6

高密度城市下垫面变化对极端降雨的影响研究

为了探索下垫面变化对广州市降水的影响,本研究以 1990—2020 年为研究时段,选择对地表温度、能量交换影响较大的不透水面作为关键的下垫面因子,利用双变量莫兰指数、Spearman 相关系数等方法探索下垫面对广州市极端降雨的影响。具体研究结果见 6.2 节和 6.3 节。

6.1 研究方法

6.1.1 双变量莫兰指数

双变量莫兰指数(Bivariate Moran's I)[135,136] 是从传统的空间相关分析发展而来的,研究中采用了全局双变量莫兰指数和局部双变量莫兰指数(LISA,Local Indicators of Spatial Association)。全局双变量莫兰指数可以在一定的显著性水平上识别整个区域的两个属性之间是否存在空间相关关系,取值范围为 -1 到 1,负值表示空间负相关,0 表示不存在空间相关,正值表示空间正相关。而局部双变量莫兰指数可以说明每个空间单元及其相邻单元中两个属性之间的关系。

双变量莫兰指数计算公式如下:

$$I_{ab} = \frac{n \sum\limits_{i}^{n} \sum\limits_{j \neq i}^{n} w_{i,j} z_i^a z_j^b}{(n-1) \sum\limits_{i}^{n} \sum\limits_{j \neq i}^{n} w_{i,j}} \tag{6.1-1}$$

$$I'_{ab} = z_i^a \sum\limits_{j=1}^{n} w_{i,j} z_j^b \tag{6.1-2}$$

I_{ab} 和 I'_{ab} 分别为全局和局部莫兰指数,n 为空间单元数量,$w_{i,j}$ 为衡量空间单元 i 和 j 空间相关性的空间权重矩阵,本研究利用地理空间权重法计算该矩阵;z_i^a 表示空间单元 i 上属性 a 的标准化值,z_j^b 表示空间单元 j 上属性 b 的标准化值。

根据式(6.1-1)和式(6.1-2),本研究采用下垫面变化趋势与降水变化趋势之间的双变量莫兰指数研究城市化进程对广州极端降雨的影响。其中局部双变量莫兰指数可以通过生成莫兰散点图、聚类图和相应的显著性图,可视化两者之间的空间相关性。散点图的四个象限代表四种局部空间相关性:a. 象限Ⅰ:高-高型(HH),表示属性 a 的高值被属性 b 的高值包围;b. 象限Ⅱ:高-低型(HL),表示属性 a 的高值被属性 b 的低值包围。c. 象限Ⅲ:低-高型(LH),表示属性 a 的低值被属性 b 的高值包围;d. 象限Ⅳ:低-低型(LL),表示属性 a 的低值被属性 b 的低值包围。

6.1.2 Spearman 相关系数

为了更好地从时间尺度上理解下垫面变化对降水的影响,本研究采用 Spearman 相关系数研究两者在时间系列上的相关性。Spearman 相关系数是一种非参数性质的秩统计参数,通常认为排列后的变量之间的 Pearson 线性相关系数,反映了两变量之间联系的强弱程度,与数据分布形态无关。

设参与相关性分析的两个变量 X 和 Y 长度均为 n,X 和 Y 均按降序排列后分别记为 X_{sorted} 和 Y_{sorted},X_0 和 Y_0 内分别记录 X 和 Y 中元素在 X_{sorted} 和 Y_{sorted} 中的位置,并称其为秩次,记 $d_i = X_0 - Y_0$,则 Spearman 相关系数计算公式如下:

$$\rho = 1 - \frac{6 \sum_i d_i^2}{n(n^2 - 1)} \tag{6.1-3}$$

Spearman 相关系数的取值范围为 $[-1, 1]$。当 $\rho(X, Y) = 1$ 时,表示 X 与 Y 正相关,意味着 X 与 Y 的秩次完全相同;当 $\rho(X, Y) = -1$ 时,X 与 Y 负相关,意味着 X 与 Y 的秩次完全相反;当 $\rho(X, Y) = 0$ 时,X 与 Y 不相关,意味着随着 X 的递增(递减),Y 没有增大和减小的趋势,两个变量之间的相关性较弱。

6.2 下垫面与极端降雨空间分布模式相关性

首先基于 1990—2020 年不透水面数据和极端降雨变化趋势,提取得 1990—2020 年不透水面变化率与极端降雨变化趋势的空间分布情况,接着利用双变量莫兰指数估算不透水面变化率和极端降雨变化趋势空间分布模式的相关性,研究结果见表6.1。

由表6.1可知,广州市各极端降水指标的变化趋势与不透水面变化率之间存在显著的空间正相关关系。如极端降水指数 PRCPTOT、NW、SDII、R95P、CWD、R20mm、R50mm 变化趋势与不透水面变化率的全局莫兰指数均大于0,且在0.01检验水平下具有显著性,这说明在空间上广州市不透水面的动态增加对广州极端降水具有显著的加剧效应。但是,从不同的极端降水指标来看,R20mm 与不透水面变化率(Moran's I:0.377)之间的空间正相关最强,其次是 PRCPTOT(Moran's I:0.328)、NW(Moran's I:0.259)、R95P(Moran's I:0.192)、CWD(Moran's I:0.120)。此外,R50mm(Moran's I:0.087)、SDII(Moran's I:0.038)与不透水面变化率之间空间分布模式也呈现出微弱的正相关性。与此相反,R99P(Moran's I:−0.014)、Rx1day(Moran's I:−0.024)和 Rx5day(Moran's I:−0.122,p - values <0.001)的全局莫兰指数均小于0,但是 R99P 和 Rx1day 不具备显著性,这意味着 Rx1day 和 R99P 的空间格局可能与不透水面增加无关,但不透水面的增加可能对 Rx5day 有微弱的负面影响。

表 6.1　广州市极端降雨变化趋势与不透水面变化率的全局莫兰指数

Index	Moran's I	p-Value	z-Value	Index	Moran's I	p-Value	z-Value
PRCPTOT	0.328*	<0.001	34.223	R95P	0.192*	<0.001	20.721
NW	0.259*	<0.001	27.452	R99P	−0.014	0.05	−1.577
SDII	0.038*	<0.001	4.194	CWD	0.120*	<0.001	12.926
Rx1day	−0.024	0.004	−2.610	R20mm	0.377*	<0.001	38.121
Rx5day	−0.122	<0.001*	−13.018	R50mm	0.087*	<0.001	9.126

注:* 在0.01水平下具有显著性。

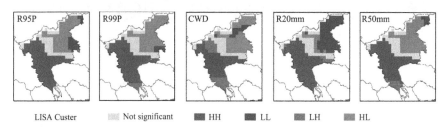

图 6.1 广州市极端降雨变化趋势与不透水面变化率的空间聚集分布模式

双变量 LISA 图可视化了极端降水指标与不透水面变化率之间的四种空间聚合关系(图 6.1)。观察图 6.1 可知,10 个极端降水指标变化趋势与不透水面变化率之间的空间聚集模式具有明显的相似性。HH(高极端降雨变化趋势-高不透水面变化率)集群主要集中在广州市城区或城区周围,如几个较发达地区(越秀区、荔湾区、天河区、海珠区、番禺区、白云区等地)。LL(低极端降雨变化趋势-低不透水面变化率)集群分布在广州市的东北部,如从化区北部、增城区北部,其中 PRCPTOT、NW、SDII 和 R20mm 的 LL 集群占地面积较大。与 LL 集群相似,HL(高极端降雨变化趋势-低不透水面变化率)集群集中在广州市的东北部,如从化区北部、增城区北部。根据下垫面覆盖数据可知,LL 和 HL 集群主要包括农田和大片自然区域,例如森林、灌木和草地。LH(低极端降雨变化趋势-高不透水面变化率)集群空间分布面积较少,主要集中分布在 HH 集群周围,如南沙区靠海地区等地,该地降水主要受海洋气候影响,陆地下垫面变化对降雨的影响较弱,因此出现不透水面增加快、降雨反而减少的现象。从 LISA 图中还可观察到,10 个极端降雨指标的不显著区域(Insig)的空间分布相似,主要分布在中心城区周边,而出现这一现象的原因主要是其周边地区与中心城市化地区相比,人口集聚、经济投资和土地开发等城市化活动较少。

此外,为了更清楚地理解上述 5 种空间聚类(HH、LL、LH、HL、Insig)上的极端降雨指标趋势大小,本研究统计分析了各类指标在 5 种空间聚类中的变化趋势大小分布,如图 6.2 所示,可以明显看出,HH 聚类比其他聚类具有更高的极端降雨变化趋势,这意味着不透水面增长速率较快的地区极端降雨的演变趋势明显强于其他地区。

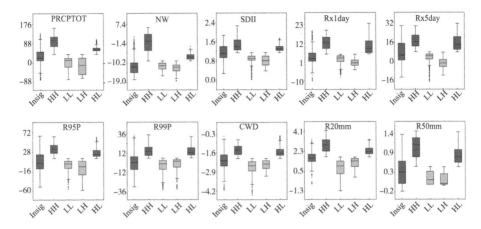

图 6.2　极端降雨变化趋势聚集性分析

6.3　下垫面与极端降雨时间变化模式相关性

为了定量评价广州市不透水面对极端降雨的影响,本研究计算了 1990—2020 年 HH 地区极端降雨与不透水面面积之间的 Spearman 相关系数,结果如表 6.2 所示。

由表 6.2 可知,各极端降雨指标与不透水面的 Spearman 相关系数均大于 0,这表明两者之间具有正相关关系,随着不透水面的增加,广州市极端降雨也呈现出增加趋势。从各指标的相关性分析来看,NW 与不透水面之间的相关性最强($R=0.814$),后面依次是 SDII 与不透水面的相关性($R=0.590$),Rx1day 与不透水面的相关性($R=0.483$),R50mm 与不透水面的相关性($R=0.474$),R99P 和不透水面的相关性($R=0.400$),以上 5 个相关系数均在 0.05 水平上具有统计显著性。而 PRCPTOT 与不透水面($R=0.328$)、R95P 与不透水面($R=0.309$)、CWD 与不透水面($R=0.308$)、R20mm 与不透水面($R=0.295$)的相关性较低,统计结果显示其只在 0.1 置信水平上具有显著性,Rx5day 与不透水面的相关性最弱($R=0.078$)。总体而言,Spearman 系数计算结果表明所有极端降雨指标与不透水面在时间上均呈正相关关系,这表明广州市城市化过程对其区域极端降水有显著的增加效应。

表 6.2　1990—2020 年 HH 区域极端降雨与不透水面的 Spearman 相关系数

Index	R-Value	p-Value	Index	R-Value	p-Value
PRCPTOT	0.328*	0.058	R95P	0.309*	0.075
NW	0.814**	<0.001	R99P	0.400**	0.019
SDII	0.590**	<0.001	CWD	0.308*	0.076
Rx1day	0.483**	0.003	R20mm	0.295*	0.089
Rx5day	0.078	0.665	R50mm	0.474**	0.004

注：* 代表结果在 0.1 置信水平上具有显著性；** 代表结果在 0.05 置信水平上具有显著性。

为了探索广州市其他区域的极端降雨与不透水面的时间相关性，本研究利用 1990—2020 年的不透水面数据和极端降雨数据计算了广州市两者之间的 Spearman 相关系数，结果如图 6.3 所示。由图 6.3 可知，除了极端降雨指标 NW、CWD 与不透水面呈现负相关关系外，其他极端降水指标在整个广州市空间面上均与不透水面呈正相关关系，该结果与第 5 章极端降雨时空演变趋势结果相似，说明随着广州市城市化过程推进、不透水面面积的增加，广州市极端降雨指标降雨日数、最大连续湿润日数减少，降雨总量增加、降雨强度增强，因此极端降雨风险也随之递增。

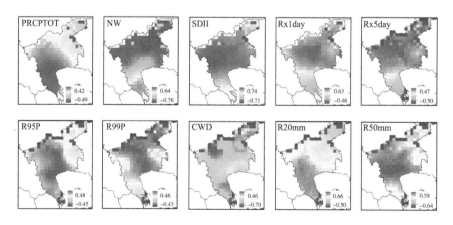

图 6.3　1990—2020 年广州市极端降雨与不透水面的 Spearman 相关系数

6.4 不同城市化阶段极端降雨突变情况分析

在上述研究中,研究者提取了 1990—2020 年广州市城市化和极端降水的演变特征,并定量分析了城市化对极端降水的影响。结果发现,随着不透面的增加,广州市极端降水总体呈增加趋势,尤其是在城市化地区及其周边地区,说明城市化进程明显加剧了广州极端降水的频率和强度。但是考虑到不同时期广州城镇化水平具有较大差异,以及在城镇化发展不同阶段极端降雨也具有一定差异,在本小节中,本研究基于 1990—2020 年的不透水面面积演变过程,采用 MK 突变检验划分了广州市的不同城市化发展阶段,划分结果见图 6.4。此外,为了探索城市化发展过程中极端降雨的演变情况,本研究同时采用 MK 突变检验方法对极端降雨进行突变检测,结果见图 6.5。

(1) 不同城市化阶段的划分

如图 6.4 所示,通过 MK 突变检验方法可知,UF_k 和 UB_k 两条曲线的交点(2009 年)在 -1.96 和 $+1.96$ 之间,并且 UF_k 在 2014 年低于 -1.96 的临界线,这意味着交点具有统计显著性,可以作为广州市城市化发展的突变点。由此可得,1990—2020 年广州城市化发展的突变点位为 2009 年,据此将城市化发展阶段主要划分为两个,即第一阶段为 1990—2009 年(快速城市化阶段)、第二阶段为 2010—2018 年(缓慢城市化阶段),本节也将基于这两个不同的城市化发展阶段对极端降雨的突变情况开展相关研究。

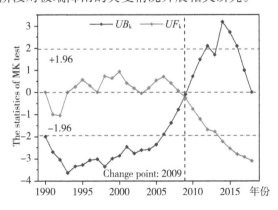

图 6.4 广州不同城市化阶段划分结果

（2）极端降雨突变情况分析

由 1990—2020 年广州市 HH 地区极端降雨平均值的 MK 突变检验结果可知（具体研究见图 6.5），各极端降雨指标在不同城市化阶段的变化趋势具有一定差异。

从整体上看，除 CWD 外，所有极端降雨指标的 UF_k 曲线在第 Ⅰ 阶段（快速城市化）均由负值（$UF_k<0$）上升为正值（$UF_k>0$），表明各极端降雨指标均实现了由下降趋势向上升趋势的转变，其中 PRCPTOT、NW、SDII、R95P 和 R99P 的 UF_k 曲线最终都超过了 1.96 的临界线（在 0.05 水平显著增加）。因此可知，从城市化第 Ⅰ 阶段各极端降雨指标的变化可以推断，广州市城市化发展对极端降水有正向影响。此外除 CWD 外，其他极端降雨指标的 UF_k 曲线在城市化第 Ⅱ 阶段（稳定期）均大于 0，但是，每个极端降雨指标的增长趋势略有不同，比如 PRCPTOT、SDII、Rx5day、R95P、R99P、R20mm、R50mm 的增长趋势放缓，这与城市化进程是一样的。而 NW、Rx1day、R10mm 指标仍保持较高的上升趋势，尤其是 NW，这意味着未来极端降水有可能进一步加剧。尽管广州市城市化进程在 2009 年之后有所放缓，但城市化第 Ⅱ 阶段极端降雨指标的变化表明城市化对极端降水的影响将持续存在并可能加剧。从 CWD 的突变情况分析来看，CWD 的 UF_k 曲线从 1990—2020 年一直在零以下，在第 Ⅱ 城市化阶段急剧下降，而 CWD 减少将导致更严重的极端降水。

从图 6.5 中总体分析可知，PRCPTOT、NW、SDII、RX1day、R95P 和 R99P 在 1990—2020 年中发生了突变现象。虽然 UF_k 和 UB_k 两条曲线有多个交点，但并不都代表是极端降雨指标的突变点。因此，本研究另外采用了 Pettitt 检验对各极端降雨指标的突变点进行验证和修正。如表 6.3 所示，虽然各极端降雨指标的突变点存在差异，但所有突变点均发生在城市化的第 Ⅰ 阶段（1990—2009 年）。突变点与快速城市化开始（1990 年）之间的间隔从 5 年（R95P）到 14 年（Rx1day）不等。因此，如果以快速城市化的起始年份（1990 年）为参照，可估算得所有极端降雨指标的突变现象相对于快速城市化的起始点平均滞后 8 年。

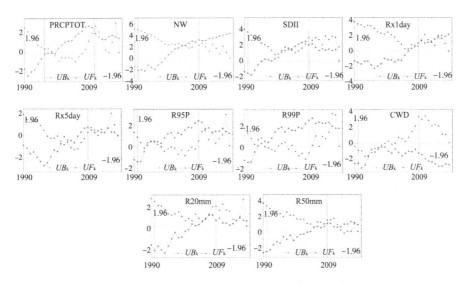

图 6.5 1990—2020 年极端降雨突变情况分析

表 6.3 广州市 1990—2020 年极端降雨突变情况

Index	MK Test	Pettitt test	P-Value	Mutation point	Stage	Interval
PRCPTOT	1999*, 2011, 2013*, 2017*, 2018*	2000*	0.035	1999/2000	II	8
NW	2005	1999*	0.000	1999	II	8
SDII	1999*, 2002*, 2003*, 2009, 2018	1999*	0.002	1999	II	8
Rx1day	2008*, 2011*, 2014*, 2015*, 2017*	2005*	0.003	2005/2008	II	14
Rx5day	No mutation	1998	0.586	1998	II	7
R95P	1996*, 1997*, 2013*, 2017*, 2018*	1993	0.059	1996	II	5
R99P	1996*, 2016, 2018*	1993	0.025	1993/1996	II	6
CWD	1986*, 1994*, 1996*, 1997*, 1998*	2009	0.089	1998	II	7
R20mm	No mutation	2000	0.157	2000	II	9
R50mm	No mutation	2000*	0.021	2000	II	9

7

总结与展望

7.1   总结

本书基于多源光学遥感数据,采用模糊分类算法,按照耕地、林地、草地、灌木、荒地、水体、不透水面的下垫面分类体系,提取了广州市 1990—2020 年的下垫面覆盖数据,利用土地利用动态度和土地利用转移矩阵方法分析了广州市下垫面变化情况;基于长时间序列的雷达卫星降水数据资料,采用地面实测站点数据对雷达卫星同步观测降水数据进行空间定标与校正,建立了日、月、年不同时间尺度的雷达卫星降水数据,采用定量与定性分析相结合的方式进行了卫星降水数据的精度评估,分析了卫星降水数据在广州地区的适用性,并据此分析了广州市极端降水的时空变化特征,定量评估了广州市下垫面变化对极端降雨的影响。

研究结论如下。

(1) 1990—2020 年广州市下垫面变化剧烈,主要表现为不透水面的扩张和耕地的减少,不透水面由 263 km² 增加至 1 338.69 km²,耕地由 3 287.81 km² 减少至 2 208.96 km²,根据土地利用转移矩阵方法计算结果可知,不透水面的转入面积主要来源耕地,这表明广州市不透水面的扩张主要以减少耕地作为代价。

(2) 校正后的日尺度、月尺度、年尺度卫星降水数据与地面实测降雨数据一致性较高、相关性较好、相对偏差低,同时卫星降水数据的命中率和误报率也表现较好,能准确探测到大部分降水事件,仅存在少部分错误判断的降水事件,此外由极端降雨指标的线性拟合结果来看,利用校正后的卫星降雨数据进行时空连续的极端降雨分析是可行的。结果表明校正后的 GPM 卫星降水数据在广州地区具有较好的适用性,可以为广州市气候变化研究提供时空连续的降水数据支撑。

(3) 年总降雨量和各极端降雨指标 PRCPTOT、NW、SDII、Rx1day、Rx5day、R95p、R99p、CWD、R20mm、R50mm 的变化趋势表明全球气候变化背景下广州市年降雨总量呈现递增趋势、降雨天数呈现出下降趋势,广州市雨强显著增加。在城市化发展进程中,随着不透水面面积的递增,广州市极端降水呈显著增加趋势($p>0,a=0.05$)的区域主要集中在城市化发达地区及其周边地区,如越秀区、海珠区、荔湾区、天河区、番禺区及其周围地区。

(4)由双变量莫兰指数空间分析结果可知,广州市各极端降雨指标与不透水面的空间分布模式存在显著的空间正相关关系,LISA 聚类图显示 HH 聚类主要集中在城市地区或其周边地区,并且极端降雨变化趋势明显高于其他聚类。此外,时间分析结果显示,1990—2020 年之间各极端降雨指标与不透水面的 Spearman 相关系数均大于 0,这表明在时间上,广州市极端降雨的增多与不透水面面积的增加呈正相关关系。总体上来讲,以上研究结果均说明了城市化过程对极端降水的增加有明显的加剧效应。

(5)广州市不同城市化阶段极端降水变化存在一定差异,快速城市化阶段(1990—2009 年)对极端降水影响最强,极端降雨指标如 PRCPTOT、NW、SDII、Rx1day、R95P 和 R99P 等的突变均发生在这一阶段,以快速城市化的起始年份(1990 年)为参照,所有极端降水指标的突变现象相对城镇化起始时间平均滞后约 8 年。

7.2 展望

在高强度、高密度的开发背景下,城市下垫面经历了剧烈变化,城市地表大面积硬化,区域水文特征显著转变,高密度城市遭受的暴雨强度和频率明显加大,开展高密度城市中下垫面变化对极端降雨影响研究具有重要理论价值和实际意义。当前,通过大量资料分析和数值模拟手段,已经初步认识到了城市下垫面变化的降水效应现象,但由于降水形成、分布机制的复杂性,高密度城市降水效应仍是城市化气候效应中最具挑战性的问题之一。基础数据的不断丰富,气象、遥感等学科的交叉融合,为深化研究高密度城市降水效应提供了新机遇。本研究基于多源卫星遥感数据,对高密度城市下垫面时空演变特征进行了深入分析,并进行了卫星降雨数据的适应性评估,探讨了高密度城市中下垫面变化的极端降雨效应。然而,由于高密度城市地区降水形成、分布机制的复杂性,还存在需要进一步深入探讨的地方,需重点关注以下两个方面的问题。

（1）极端降雨事件多因素综合分析

极端降雨事件的发生常常是多种因素共同作用的结果。一是全球气候变暖，气温升高，大气中水蒸气含量增加，从而影响降雨强度；二是区域地理特征，如地表山脉和水体的分布，影响气流模式和降水分布；三是城市土地利用方式，即在城市化过程中，大量自然地表被改造为不透水地表，导致城市水文循环特征发生改变，同时，城市热岛效应使得城市区域的温度较周围农村地区更高，进一步增强了局部的对流降水；四是气溶胶排放，城市中的工业排放、交通污染和其他人类活动产生的气溶胶不仅影响了云的微物理特性，还可能改变降水的分布和强度，气溶胶在大气中形成的凝结核，可以影响雨滴的形成，导致降水的不稳定性和极端性。综上所述，极端降雨事件的发生是一个复杂的多因素交互作用结果，深入理解这些因素的关系及驱动机制，有助于深入认识极端降雨变化规律和致灾机制，提升高密度城市对极端天气事件的应对能力。

（2）全球气候变化和城市化过程对极端降雨的定量研究

全球气候变化和人类活动对极端降雨的影响是毋庸置疑的，特别是在城市区域下垫面剧烈转变的背景下，高密度城市区域极端降雨演变模式受到了广泛关注。本研究从下垫面中不透水面这一城市化表征变量入手，探讨其与极端降雨的时空关联性，研究结果定性地表明了城市化与极端降雨之间的时空相关分布模式。但是，一方面，研究并未定量表述出城市化对极端降雨贡献度；另一方面，全球气候变化对区域极端降雨的影响也是不可忽视的。因此，为了全面理解高密度城市区域极端降雨变化规律，后续需要深入开展全球气候变化和城市化进程等多因素对极端降水的定量研究。

参考文献

[1] ALLEN M R, INGRAM W J. Constraints on future changes in climate and the hydrologic cycle[J]. Nature, 2002, 419(6903): 224-232.

[2] MICHAELIDES S, LEVIZZANI V, ANAGNOSTOU E, et al. Precipitation: Measurement, remote sensing, climatology and modeling [J]. Atmospheric Research, 2009, 94(4): 512-533.

[3] HOU A Y, KAKAR R K, NEECK S, et al. The global precipitation measurement mission[J]. Bulletin of the American Meteorological Society, 2013, 95(5): 701-722.

[4] GOOVAERTS P. Geostatistical approaches for incorporating elevation into the spatial interpolation of rainfall[J]. Journal of Hydrology, 2000, 228(5): 113-129.

[5] KIDD C, HUFFMAN G. Global precipitation measurement[J]. Meteorological Applications, 2011, 18(3): 334-353.

[6] JIANG X L, REN F M, LI Y J, et al. Characteristics and preliminary causes of tropical cyclone extreme rainfall events over Hainan Island [J]. Advances in Atmospheric Sciences, 2018, 35(5):580-591.

[7] 孔锋, 史培军, 方建, 等. 全球变化背景下极端降水时空格局变化及其影响因素研究进展和展望[J]. 灾害学, 2017, 32(2): 165-174.

[8] 张建云, 王银堂, 贺瑞敏, 等. 中国城市洪涝问题及成因分析[J]. 水科学进展, 2016, 27(4):485-491.

[9] 王晓利, 侯西勇. 1961—2014 年中国沿海极端气温事件变化及区域差异分析[J]. 生态学报, 2017, 37(21):7098-7113.

[10] JONGMAN B, HOCHRAINER-STIGLER S, FEYEN L, et al. Increasing stress on disaster-risk finance due to large floods[J]. Nature Climate Change, 2014, 4(4): 264-268.

[11] ZHANG W, VILLARINI G, VECCHI G A, et. al. Urbanization exacerbated the rainfall and flooding caused by hurricane Harvey in Houston[J]. Nature, 2018, 563(7731):384-388.

［12］胡庆芳，张建云，王银堂，等．城市化对降水影响的研究综述［J］．水科学进展，2018，29(1)：138-150.

［13］杨龙，田富强，孙挺，等．城市化对北京地区降水的影响研究进展［J］.水力发电学报，2015，34(1):37-44.

［14］ADELEKAN I O. Flood risk management in the coastal city of Lagos, Nigeria［J］. Journal of Flood Risk Management，2016，9(3)：255-264.

［15］YU M，MIAO S G，ZHANG H B. Uncertainties in the impact of urbanization on heavy rainfall：case study of a rainfall event in Beijing on 7 August 2015［J］. Journal of Geophysical Research：Atmospheres，2018，123(11):6005-6021.

［16］SHEPHERD J M. A review of the current investigations of urban indeuced rainfall and recommendations for the future［J］. Earth Interactactions，2005，9(12)：1-27.

［17］OKE T R. The energetic basis of the urban heat island［J］. Quarterly Journal of the Royal Meteorological Society，1982，108(455)：1-24.

［18］CHANGNON S A，HUFF F A，SEMONIN R G. Metromex:an investigation of inadvertent weather modification［J］. Bulletin of the American Meteorological Society，1971，52(10)：958-967.

［19］SMITH J A，BAECK M L，ZHANG Y，et al. Extreme rainfall and flooding from supercell thunderstorms［J］. Journal of Hydrometeorology，2001，2：469-489.

［20］DONAT M G，LOWRY A L，ALEXANDER L V，et al. More extreme precipitation in the world's dry and wet regions［J］. Nature Climate Change，2016，6(5)：508-513.

［21］PIELKE R A. Atmospheric science. Land use and climate change［J］. Science，2005，310(5754)：1625-1626.

［22］ANTONIO D G，LOUISA J M. Landcover classification system (LCCS) ［M］. Rome，FAO，2000.

［23］王静. 土地资源遥感监测与评价方法［M］. 北京:科学出版社,2006.

［24］叶树华,任志远. 遥感概论［M］. 陕西:陕西科学技术出版社,1993.

［25］汤国安,张友顺,刘咏梅,等. 遥感数字图像处理［M］. 北京:科学出版社, 2004.

［26］LOVELAND T R, REED B C, BROWN J F, et al. Development of a global land cover characteristics database and IGBP DISCover from 1 km AVHRR data［J］. International Journal of Remote Sensing, 2000, 21(6-7): 1303-1330.

［27］HANSEN M C, DEFRIES R S, TOWNSHEND J R G, et al. Global land cover classification at 1 km spatial resolution using a classification tree approach［J］. International Journal of Remote Sensing, 2000, 21(6-7): 1331-1364.

［28］BARTHOLOMÉ E, BELWARD A S. GLC2000: a new approach to global land cover mapping from Earth observation data［J］. International Journal of Remote Sensing, 2005, 26(9): 1959-1977.

［29］FRIEDL M A, MCIVER D K, HODGES J C F, et al. Global land cover mapping from MODIS: Algorithms and early results［J］. Remote Sensing of Environment, 2002, 83: 287-302.

［30］ESA. CCI-LC Product User Guide v2. 4［R］. Available online: (accessed on 10 October 2014). http://maps. elie. ucl. ac. be/CCI/viewer/download/ESACCI-LC-PUG-v2. 4. pdf.

［31］BICHERON P, AMBERG V, BOURG L, et al. Geolocation assessment of Meris GlobCover orthorectified products［J］. IEEE Transactions on Geoscience and Remote Sensing, 2011, 49: 2972-2982.

［32］GONG P, WANG J, YU L, et al. Finer resolution observation and monitoring of global land cover: First mapping results with Landsat TM and ETM+ data［J］. International Journal of Remote Sensing, 2013, 34(7): 2607-2654.

［33］CHEN Jun, CHEN Jin. GlobeLand30: Operational global land cover mapping and big-data analysis[J]. Science China-Earth Sciences，2018，61(10)：1533-1534.

[34] LATIFOVIC R，HOMER C，RESSEL R，et al. North American Land Change Monitoring System[M].//Giri CP. In Remote Sensing of Land Use and Land Cover：Principles and Applications. Boca Raton，FL：CRC Press，2012.

[35] GASCON L H，EVA H D，GOBRON N，et al. The Application of Medium-Resolution MERIS Satellite Data for Continental Land-Cover Mapping over South America：Results and Caveats[M].//Giri CP. In Remote Sensing of Land Use and Land Cover：Principles and Applications. Boca Raton，FL：CRC Press，2012.

[36] BUTTNER G，KOSZTRA B，MAUCHA G，et al. Implementation and achievements of CLC2006[R]. Report of European Environment Agency，2012.

[37] DI GEORGIO A，JANSEN L J M. Part I：Technical documentation on the Africover Land Cover Classification Scheme[M]. FAO,1997.

[38] FRY J A，XIAN G，JIN S，et al. Completion of the 2006 National Land Cover Database for the Conterminous United States[J]. Photogrammetric Engineering and Remote Sensing，2011，77(9)：858-864.

[39] LYMBURNER L，TAN P，MUELLER N，et al. The National Dynamic Land Cover Dataset-technical report record 2011/031[R]. Canberra：Geoscience Australia，2011. Accessed January 28，2015.

[40] DENG X，LIU J. Mapping Land Cover and Land Use Changes in China[M].//Giri CP. In Remote Sensing of Land Use and Land Cover：Principles and Applications. Boca Raton，FL：CRC Press，2012.

[41] 陈荣，朱雯，孙济庆. 基于多源数据融合方法的期刊评价及实证研究[J]. 中国科技期刊研究,2019，30(6)：685-692.

[42] KIDD C，HUFFMAN G. Global precipitation measurement[J]. Meteorol，2011，18：334-353.

［43］XIE P, JANOWIAK J E, ARKIN P A, et al. GPCP Pentad Precipitation Analyses: An Experimental Dataset Based on Gauge Observations and Satellite Estimates［J］. Journal of Climate, 2003, 16(13): 2197-2214.

［44］BOUSHAKI F I, HSU K L, SOROOSHIAN S, et al. Bias Adjustment of Satellite Precipitation Estimation Using Ground-Based Measurement: A Case Study Evaluation over the Southwestern United States［J］. Journal of Hydrometeorology, 2009, 10(5): 1231-1242.

［45］VILA D, FERRARO R, SEMUNEGUS H. Improved Global Rainfall Retrieval Using the Special Sensor Microwave Imager (SSM/I) ［J］. Journal of Applied Meteorology and Climatology, 2010, 49(5): 1032-1043.

［46］SUN Q, MIAO C, DUAN Q, et al. A Review of Global Precipitation Data Sets: Data Sources, Estimation, and Intercomparisons［J］. Reviews of Geophysics, 2018, 56(1): 79-107.

［47］SOROOSHIAN S, AGHAKOUCHAK A, ARKIN P, et al. Advanced Concepts on Remote Sensing of Precipitation at Multiple Scales［J］. Bulletin of the American Meteorological Society, 2011, 92(10): 1353-1357.

［48］MAGGIONI V, MEYERS P C, ROBINSON M D. A Review of Merged High Resolution Satellite Precipitation Product Accuracy During the Tropical Rainfall Measuring Mission (TRMM)Era［J］. Journal of Hydrometeorology, 2016;17(4): 1101-1117.

［49］TIAN Y, PETERS-LIDARD C D. A global map of uncertainties in satellite-based precipitation measurements［J］. Geophysical Research Letters, 2010, 37(24):L24407.

［50］GAO Y, LIU M. Evaluation of high-resolution satellite precipitation products using rain gauge observations over the Tibetan Plateau［J］. Hydrology and Earth System Sciences, 2013, 17(1): 837-849.

［51］TURK F J，ARKIN P，EBERT E E，et al. Evaluation high-resolution precipitation products［J］. Bulletin of the American Meteorological Society，2008，89(12)：1911-1916.

［52］YONG B，LIU D，GOURLEY J J，et al. Global view of real-time TRMM multisatellite precipitation analysis：Implications for its successor global precipitation measurement mission［J］. Bulletin of the American Meteorological Society，2015，96(2)：283-296.

［53］LIU Z. Comparison of precipitation estimates between Version 7 3-hourly TRMM MultiSatellite Precipitation Analysis (TMPA) near-real-time and research products［J］. Atmospheric Research，2015，153：119-133.

［54］LIU Z. Comparison of versions 6 and 7 3-hourly TRMM multi-satellite precipitation analysis (TMPA) research products［J］. Atmospheric Research，2015，163：91-101.

［55］LIU Z. Comparison of Integrated Multisatellite Retrievals for GPM (IMERG) and TRMM Multisatellite Precipitation Analysis (TMPA) Monthly Precipitation Products：Initial Results［J］. Journal of Hydrometeorology，2016，17(3)：777-790

［56］NGUYEN P，OMBADI M，SOROOSHIAN S，et al. The PERSIANN family of global satellite precipitation data：A review and evaluation of products［J］. Hydrology and Earth System Sciences，2018，22(11)：5801-5816.

［57］彭振华,李艳忠,余文君,等. 遥感降水产品在中国不同气候区的适用性研究［J］. 地球信息科学学报,2021,23(7)：1296-1311.

［58］许时光,牛铮,沈艳,等.CMORPH卫星降水数据在中国区域的误差特征研究［J］. 遥感技术与应用,2014,29(2)：189-194.

［59］廖荣伟,张冬斌,沈艳.6种卫星降水产品在中国区域的精度特征评估［J］. 气象,2015,41(8)：970-979.

［60］任英杰,雍斌,鹿德凯,等. 全球降水计划多卫星降水联合反演IMERG

卫星降水产品在中国大陆地区的多尺度精度评估[J]. 湖泊科学, 2019,31(2)：560-572.

[61] 卫林勇,江善虎,任立良,等. 多源卫星降水产品在不同省份的精度评估与比较分析[J]. 中国农村水利水电,2019(11)：38-44.

[62] 吴一凡,张增信,金秋,等. GPM卫星降水产品在长江流域应用的精度估算[J]. 人民长江,2019,50(9)：77-85+152.

[63] 黄桂平,曹艳萍. TRMM卫星3B43降水数据在黄河流域的精度分析[J]. 遥感技术与应用,2019,34(5)：1111-1120.

[64] 王蕊,余钟波,杨传国,等. TRMM/GPM卫星降水产品在淮河上游逐日和小时尺度的精度评估[J]. 水资源与水工程学报,2018,29(5)：109-115.

[65] 邹磊,夏军,陈心池,等. 多套降水产品精度评估与可替代性研究[J]. 水力发电学报,2017,36(5)：36-46.

[66] 王兆礼,钟睿达,赖成光,等. TRMM卫星降水反演数据在珠江流域的适用性研究——以东江和北江为例[J]. 水科学进展,2017,28(2)：174-182.

[67] 陈晓宏,钟睿达,王兆礼,等. 新一代GPM IMERG卫星遥感降水数据在中国南方地区的精度及水文效用评估[J]. 水利学报,2017,48(10)：1147-1156.

[68] 刘鹏飞,刘丹丹,梁丰,等. 三套再分析降水资料在东北地区的适用性评价[J]. 水土保持研究,2018,25(4)：215-221.

[69] SWITZERLAND S, ARGENTINA V B, CANADA I B, et al. Managing the Risks of Extreme Events and Disasters to Advance Climate Change Adaptation[R]. Special Report of Working Groups I and II of the Intergovernmental Panel on Climate Change, 2012.

[70] FISCHER E, KNUTTI R. Anthropogenic contribution to the global occurrence of heavy precipitation and hot extremes[C]//Egu General Assembly Conference. EGU General Assembly Conference Abstracts, 2015,5(6):560-564.

［71］SETH W, LIAS A. Global Increasing Trends in Annual Maximum Daily Precipitation[J]. Journal of Climate，2013,26(11)，3904-3918.

［72］钱维宏，符娇兰，张玮玮，等．近40年中国平均气候与极值气候变化的概述[J].地球科学进展，2007,22(7)：19-30.

［73］Wang H，Shao Z，Gao T，et al. Extreme precipitation event over the Yellow Sea western coast：Is there a trend？［J］. Quaternary International，2017,441：1-17.

［74］白路遥，荣艳淑．最近50年长江流域极端降水特征的再分析[J].水资源研究，2015,4(1)：88-100.

［75］王真．1971～2018年四川省极端降水指数时空变化特征[J].自然科学，2019,7(4)：333-348.

［76］HUFFMAN G J, ADLER R F, MORRISSEY M M，et al. Global Precipitation at One-Degree Daily Resolution from Multisatellite Observations[J]. Journal of Hydrometeorology，2001,2(1)：36-50.

［77］SKOFRONICK J，PETERSEN W A, BERG W，et al. The Global Precipitation Measurement（GPM）Mission for Science and Society[J]. Bulletin of the American Meteorological Society，2016,98(8)：1679-1695.

［78］HABIB E，HENSCHKE A，ADLER R F. Evaluation of TMPA satellite-based research and real-time rainfall estimates during six tropical-related heavy rainfall events over Louisiana, USA[J]．Atmospheric Research，2009,94(3)：373-388.

［79］CHEN S, HONG Y，CAO Q，et al. Performance evaluation of radar and satellite rainfalls for Typhoon Morakot over Taiwan：Are remote-sensing products ready for gauge denial scenario of extreme events？[J] Journal of Hydrology，2013，506(Complete)：4-13.

［80］TANG G, ZENG Z, LONG D，et al. Statistical and hydrological comparisons between TRMM and GPM level-3 products over a mid-latitude basin：is day-1 IMERG a good successor for TMPA

3b42v7[J]. Journal of Hydrometeorology，2015，17(1)：121-137.

[81] PRAKASH S, MITRA A K , PAI D S, et al. From TRMM to GPM：How well can heavy rainfall be detected from space? [J]. Advances in Water Resources，2016,88(2)：1-7.

[82] 刘国，朱自伟，谭显辉. 高分辨率遥感降水产品对强降水的监测能力评估——以2014年"威马逊"台风为例[J]. 亚热带资源与环境学报，2017,12(4)：39-48.

[83] HORTON R E. Thunderstorm-breeding spots[J]. Monthly Weather Review，1921，49：193-193.

[84] LANDSBERG H, The climate of towns：Man's role in changing the face of the earth[M]. The University of Chicago Press，1956.

[85] CHANGNON S A. The la port weather anomaly-fact or fiction[J]. Bulletion of the American Meteorological Society，1968，49：4-11.

[86] HUFF F A, CHANGNON S A. Climatological assessment of urban effects on precipitation at St. Louis[J]. Journal of Applied Meteorology. 1972, 11：823-842.

[87] HUFF F A, VOGEL J L. Urban, topographic and diurnal effects on rainfall in the st. Louis region[J]. Journal of Applied Meteorology，1978，17：565-577.

[88] CHANGNON S A. Evidence of urban and lake influences on precipitation in the Chicago area[J]. Journal of Applied Meteorology，1980，19：1137-1159.

[89] CHANGNON S A, SHEALY R T, SCOTT R W. Precipitation changes in fall，winter，and spring caused by St. Louis[J]. Journal of Applied Meteorology，1991，30：126-134.

[90] CHANGNON S A. Inadvertent weather modification in urban areas：Lessons for global climate change[J]. Bulltein of the American Meteorological Soceity，1992，73：619-627.

[91] BORNSTEIN R D, LEROY M. Urban barrier effects on convective

and frontal thunderstorms[C]. 4th Conference on Mesoscale Processes, Boulder, CO. , 1990.

[92] DIXON P G, MOTE T L. Patterns and causes of atlanta's urban heat island-initiated precipitation[J].Journal of Applied Meteorology, 2003, 42: 1273-1284.

[93] MOTE T L, LACKE M C, SHEPHERD J M. Radar signatures of the urban effect on precipitationdistribution: A case study for Atlanta, Georgia[J]. Geophysical Research Letters, 2007, 34(20): L20710.

[94] ASHLEY W S, BENTLEY M L, STALLINS J A. Urban-induced thunderstorm modification in the southeast United States[J]. Climatic Change, 2011, 113: 481-498.

[95] SHEPHERD J M, PIERCE H, NEGRI A J. Rainfall modification by major urban areas: Observation from spaceborne rain radar on the TRMM satellite[J]. Journal of Applied Meteorology, 2002, 41(7): 689-701.

[96] HAND L M, SHEPHERD J M. An investigation of warm-season spatial rainfall variability in Oklahoma city: Possible linkages to urbanization and prevailing wind[J]. Journal of Applied Meteorology and Climatology, 2009, 48: 251-269.

[97] YEUNG J. Summertime convective rainfall in the New York city—New Jersey metropolitan region[D]. Princeton: Princeton University, 2012.

[98] BORNSTEIN R D, LIN Q. Urban heat islands and summertime covective thunderstorms in Atlanta: Three case studies[J]. Atmospheric Environment, 2000, 34: 507-516.

[99] SHEM W, SHEPHERD M. On the impact of urbanization on summertime thunderstorms in Atlanta:Two numerical model case studies [J]. Atmospheric Research, 2009, 92: 172-189.

[100] SHEPHERD J M, STALLINS J A, JIN M L, et al. Urbanization: Impacts on clouds, precipitation, and lightning[J]. Urban Ecosystem Ecology. 2010, 55: 1-27.

[101] CHEN F, MIAO S, TEWARI M, et al. A numerical study of interactions between surface forcing and sea breeze circulations and their effects on stagnation in the greater Houston area[J]. Journal of Geophysical Research: Atmospheres, 2011, 116:D12105.

[102] NTELEKOS A A, SMITH J A, BAECK M L, et al. Extreme hydrometeorological events and the urban environment: Dissecting the 7 July 2004 thunderstorm over the Baltimore MD Metropolitan region[J]. Water Resource Research, 2008, 44:W08446.

[103] LEI M, NIYOGI D, KISHTAWAL C, et al. Effect of explicit urban land surface representation on the simulation of the 26 July 2005 heavy rain event over Mumbai, India[J]. Atmospheric Chemistry and Physics, 2008, 8: 5975-5995.

[104] INAMURA T, IZUMI T, MATSUYAMA H. Diagnostic study of the effects of a large city on heavy rainfall as revealed by an ensemble simulation: A case study of central Tokyo, Japan[J]. Journal of Applied Meteorology and Climatology, 2011, 50: 713-728.

[105] SOUMA K, TANAKA K, SUETSUGI T, et al. A comparison between the effects of artificial land cover and anthropogenic heat on a localized heavy rain event in 2008 in Zoshigaya, Tokyo, Japan[J]. Journal of Geophysical Research: Atmospheres, 2013, 118(20): 11600-11610.

[106] CHEN T C, WANG S Y, YEN M C. Enhancement of afternoon thunderstorm activity by urbanization in a valley: Taipei[J]. Journal of Applied Meteorology and Climatology, 2007, 46: 1324-1340.

[107] LIN C Y, CHEN W C, CHANG P L, et al. Impact of the urban heat island effect on precipitation over a complex geographic environment

in northern Taiwan[J]. Journal of Applied Meteorology and Climatology, 2011, 50(2): 339-353.

[108] GUO X, FU D, WANG J. Mesoscale convective precipitation system modified by urbanization in Beijing city[J]. Atmospheric Research, 2006, 82: 112-126.

[109] Miao S, Chen F, Lemone M A, et al. An observational and modeling study of characteristics of urban heat island and boundary layer structures in Beijing[J]. Journal of Applied Meteorology and Climatology, 2009, 48: 484-501.

[110] MIAO S, CHEN F, LI Q, et al. Impacts of urban processes and urbanization on summer precipitation: A case study of heavy rainfall in Beijing on 1 August 2006[J]. Journal of Applied Meteorology and Climatology, 2011, 50: 806-825.

[111] LO J C F, YANG Z L, PIELKE R A. Assessment of three dynamical climate downscaling methods using the weather research and forecasting (WRF) model[J]. Journal of Geophysical Research, 2008, 113:D09112.

[112] LO J C F, LAU A K H, CHEN F, et al. Urban modification in a mesoscale model and the effects on the local circulation in the pearl river delta region[J]. Journal of Applied Meteorology and Climatology, 2007, 46: 457-476.

[113] LOWRY W P. Urban effects on precipitation amount[J]. Progress in Physical Geography, 1998, 22:477-520.

[114] KISHTAWAL C M, NIYOGI D, TEWARI M, et al. Urbanization signature in the observed heavy rainfall climatology over India[J]. International Journal of Climatology, 2010, 30: 1908-1916.

[115] LI W, CHEN S, CHEN G, et al. Urbanization signatures in strong versus weak precipitation over the Pearl River delta metropolitan regions of China[J]. Environmental Research Letters, 2011, 6:

049503.

[116] BURIAN S J，SHEPHERD J M. Effect of urbanization on the diurnal rainfall pattern in Houston[J]. Hydrological Processes，2005，19：1089-1103.

[117] 胡昕利,易扬,康宏樟,等. 近25年长江中游地区土地利用时空变化格局与驱动因素[J]. 生态学报,2019,39(6):1877-1886.

[118] 全斌. 土地利用与土地覆被变化学导论[M]. 北京：中国环境科学出版社,2010.

[119] 吴琳娜,杨胜天,刘晓燕,等.1976年以来北洛河流域土地利用变化对人类活动程度的响应[J]. 地理学报,2014,69(1):54-63.

[120] TIAN Y，PETERS-LIDARD C D，EYLANDER J B，et al. Component analysis of errors in satellitebased precipitation estimates[J]. Journal of Geophysical Research Atmospheres，2009，114(D24).

[121] TANG G，CLARK M P，PAPALEXIOU S M，et al. Have satellite precipitation products improved over last two decades? A comprehensive comparison of GPM IMERG with nine satellite and reanalysis datasets[J]. Remote Sensing of Environment，2020，240：111697.

[122] DAI A. Precipitation Characteristics in Eighteen Coupled Climate Models[J]. Journal of Climate，2006，19(18)：4605-4630.

[123] DAI A，LIN X，HSU K L. The frequency，intensity，and diurnal cycle of precipitation in surface and satellite observations over low- and mid-latitudes[J]. Climate Dynamics，2007，29(7)：727744.

[124] TIAN Y，PETERS-LIDARD C D，CHOUDHURY B J，et al. Multitemporal Analysis of TRMM-Based Satellite Precipitation Products for Land Data Assimilation Applications[J]. Journal of Hydrometeorology，2007，8(6)：1165-1183.

[125] YONG B，REN L，HONG Y，et al. Hydrologic evaluation of Multisatellite Precipitation Analysis standard precipitation products in basins beyond its inclined latitude band：A case study in Laohahe basin,

China[J]. Water Resources Research，2010，46(7)：W07542.

[126] SHEN Z，YONG B，GOURLEY J J，et al. Recent global performance of the Climate Hazards group Infrared Precipitation (CHIRP) with Stations (CHIRPS) [J]. Journal of Hydrology，2020，591 (4)：125284.

[127] WEI W，SHI Z J，YANG X H，et al. Recent trends of extreme precipitation and their teleconnection with atmospheric circulation in the Beijing-Tianjin Sand Source Region，China，1960—2014[J]. Atmosphere 2017，8(5)：83.

[128] XU F，ZHOU Y Y，ZHAO L L. Spatial and temporal variability in extreme precipitation in the Pearl River Basin，China from 1960 to 2018[J]. International Journal of Climatology，2022，42(2)，797-816.

[129] SEN P K. Estimates of the regression coefficient based on Kendall's Tau[J]. Journal of the American Statistical Association，1968，63 (324)，1379-1389.

[130] Mann H B. Nonparametric tests against trend[J]. Econometrica，1945，13：245-259.

[131] ABBAS F，AHMAD A，SAFEEQ M，et al. Changes in precipitation extremes over arid to semiarid and subhumid Punjab，Pakistan[J]. Theoretical and Appllied Climatology，2014，116，671-680.

[132] DA SILVA R M，SANTOS C A，MOREIRA M，et al. Rainfall and river flow trends using Mann-Kendall and Sen's slope estimator statistical tests in the Cobres River basin[J]. Natural Hazards，2015，77，1205-1221.

[133] SNEYERS R. On the statistical analysis of series of observations [M]. Switzerland：Secretariat of the World Meteorological Organization，1990.

[134] SOME'E B S，EZANI A，TABARI H. Spatiotemporal trends and

change point of precipitation in Iran[J]. Atmospheric Research, 2012, 113, 1-12.

[135] ANSELIN L, REY S. Modern spatial econometrics in practice: A guide to GeoDa, GeoDaSpace and PySAL [M]. GeoDa Press LLC,2014.

[136] ANSELIN L, SYABRI I, SMIRNOV O. Visualizing multivariate spatial correlation with dynamically linked windows[C]. In proceedings of the CSISS Workshop on New Tools for Spatial Data Analysis, Santa Barbara, CA, 2002.